Die Diskussion um erneuerbare Energien in der Politik

BEITRÄGE ZUR DISSIDENZ

Herausgegeben von Claudia von Werlhof

Band 15

Frankfurt am Main · Berlin · Bern · Bruxelles · New York · Oxford · Wien

Markus Walder

Die Diskussion um erneuerbare Energien in der Politik

Ist die Nutzung erneuerbarer Energien
nur noch eine Frage des politischen Willens?

PETER LANG
Europäischer Verlag der Wissenschaften

Bibliografische Information Der Deutschen Bibliothek
Die Deutsche Bibliothek verzeichnet diese Publikation in der
Deutschen Nationalbibliografie; detaillierte bibliografische
Daten sind im Internet über <http://dnb.ddb.de> abrufbar.

ISSN 0949-1120
ISBN 3-631-51747-5

© Peter Lang GmbH
Europäischer Verlag der Wissenschaften
Frankfurt am Main 2004
Alle Rechte vorbehalten.

Das Werk einschließlich aller seiner Teile ist urheberrechtlich
geschützt. Jede Verwertung außerhalb der engen Grenzen des
Urheberrechtsgesetzes ist ohne Zustimmung des Verlages
unzulässig und strafbar. Das gilt insbesondere für
Vervielfältigungen, Übersetzungen, Mikroverfilmungen und die
Einspeicherung und Verarbeitung in elektronischen Systemen.

www.peterlang.de

Inhaltsverzeichnis

Vorspann	9
1. Einleitung	13
2. Verfügbare Energie, eine nicht erneuerbare Ressource	17
3. Globalisierung und Neoliberale Weltordnung	21
4. Folgen der heutigen Energiepolitik	29
4.1. Der Nord-Südkonflikt im Zusammenhang mit der Energiefrage	29
4.2. Kriegsregion Golf	31
4.2.1. Iran	31
4.2.2. Irak	32
4.3. Schauplatz Afrika	35
4.4. Krisenregion Mittelasien und Südamerika	39
5. Klimaschutz und erneuerbare Energien: Das Scheitern der Klimaverhandlungen	45
5.1. Klimarahmenkonvention von Rio de Janeiro	45
5.2. Das Kyoto Protokoll von 1997	46
5.3. Interessenskonflikt zwischen Industrie – und Entwicklungsländer	49
5.4. Der drohende Kollaps	53
6. Das Verdrängen erneuerbarer Energien aus dem Markt	57
6.1. Erschöpfbare Ressourcen zu Schleuderpreisen	57
6.2. Subventionierung fossiler und atomarer Energieträger auf Kosten erneuerbarer Energienutzung	60

7. Chancen einer solaren Energiewirtschaft	67
7.1. Der Vergleich fossiler und regenerativer Energiequellen	67
7.2. Die fossile Ressourcenkette	68
7.3. Demonopolisierung durch solare Energienutzung	70
8. Die Nutzung regenerativer Energien	75
8.1. Keine Erfindung unseres Jahrhunderts	75
8.2. Die Vernachlässigung regenerativer Energieforschung	77
8.3. Derzeitige Nutzung und zukünftige Potentiale erneuerbarer Energieträger in Europa und Nachbarländern	81
8.4. Windenergie	82
8.4.1. Entwicklung	82
8.4.2. Potential und Nutzung	83
8.4.3. Exkurs : Windpark Nordafrika – Europa	88
8.4.4. Kosten	89
8.4.5. Umweltaspekte	91
8.5. Biomasse	93
8.5.1. Die Nutzung von Biomasse	95
8.5.2. Potentiale und Kosten der Biomassenutzung	98
8.6. Solarenergie	101
8.6.1. Solarthermie	101
8.6.2. Solares Bauen	104
8.6.2.1 Passivhäuser	105
8.7. Photovoltaik	107
8.7.1. Potential	108
8.8. Wasserkraft	112
8.8.1. Potentiale und Kosten	112
8.8.2. Umweltaspekte	115
8.9. Geothermie	116
8.9.1. Kosten und Potentiale	117
8.9.2. Umwelteffekte	119
8.10. Wasserstoff	120
8.10.1. Herstellung und Kosten von Wasserstoff	121
8.10.2. Anwendungsmöglichkeiten von Wasserstoff	123
9. Der Wandel zur solaren Energieversorgung	127
9.1. Die Unvergleichbarkeit fossiler und regenerativer Energienutzung	130

    9.1.1. Der Faktor Kostenvermeidung _____ 133
  9.2. Beispiel einer dezentralen Energieversorgung in Schleswig
       Holstein: Das Biomassekraftwerk Domsland _____ 135

10. Die politische Herausforderung: Eine dezentrale Energiepolitik 145

Literaturverzeichnis _____ 151

Vorspann

Der 11. September wird uns vielleicht als der Tag in Erinnerung bleiben, durch den die Menschen und Politiker in den Industriestaaten auf die Folgen unseres kompromisslosen Vorgehens in der Welt aufmerksam gemacht wurden. Vielleicht findet ein Umdenken statt, ein Umdenken in Bezug auf die unaufhaltsam fortschreitende Globalisierung, der damit verbundenen Umweltzerstörung und des immer augenscheinlicher werdenden Auseinanderdriftens von Arm und Reich.

In diesem Sinn soll über die Notwendigkeit einer nachhaltigen Energie- und Klimapolitik gesprochen werden, die Wichtigkeit der internationalen Klimaverhandlungen, denen nur selten die notwendige Aufmerksamkeit auf nationaler und internationaler Ebene zukommt. Die Tatsache, dass es kaum einen Krieg auf der Welt gibt, bei dem nicht die Sicherung von Energieressourcen im Vordergrund steht, verdeutlicht, dass ein Gelingen oder Fortschreiten der internationalen Politik nur mit intelligenter Energie- und somit Klimapolitik erfolgen kann.

Das zähe Weiterkommen bei den bisherigen Klimagipfeln liegt darin begründet, dass es beim Klimaprozess im Grunde genommen um das Infragestellen der heute vorherrschenden „fossilen Energiepolitik" geht. Die Industrienationen, allen voran die Vereinigten Staaten, verteidigen das herkömmliche Verbrennen fossiler Ressourcen offensichtlich kompromisslos, da an dieser Form der Energiewirtschaft die ganzen Industriestaaten mit den damit direkt verbundenen Konzernen hängen. Die Lobby dieser Konzerne schafft es bis dato, den Klimaprozess nachhaltig zu untergraben. Dass sich gerade die USA unter G.W. Bush von einer Ratifizierung des Kyotoprotokolls verabschiedet haben, scheint daher nicht verwunderlich, sind die Vereinigten Staaten doch für 25% der weltweiten CO_2 Ausstöße verantwortlich. Die derzeitige Regierung des größten Emittenten zeigt noch keinerlei Anzeichen, sich ernsthaft am Klimaschutz beteiligen zu wollen. Das Hauptargument für das Ausscheren aus den Klimaverhandlungen der USA besteht darin, dass Entwicklungsländer im Kyotoprotokoll nicht von den Klimaschutzmassnahmen betroffen sein sollen, zumindest nicht in deren ersten Entwicklungsphase.

Die Gründe für diese ablehnende Politik gehen dabei viel tiefer, als es den Anschein hat.

Der Klimaprozess hat weltweit ein Umdenken in Gang gebracht, das nicht nur das Verbrennen fossiler Energieträger in Frage stellt, sondern die mit der fossilen Weltwirtschaft zusammenhängende neoliberale Politik kritisiert und Fragen aufwirft wie: „Welche Folgen hat unsere Energiepolitik für unsere Sicherheit, besonders brennend seit dem 11. September? Wo liegen die Gründe für das fortschreitende Problem der sich ausweitenden Dürreperioden, Orkane, Überschwemmungen, weltweiten Luft- und Wasserverschmutzung? Welche Bedeutung haben 3000 Tote, verursacht durch die Terroranschläge in den USA, im Hinblick auf 20-30.000 Tote, die täglich an den Folgen von unzureichender Wasserversorgung oder Wasserverschmutzung sterben (Worldwatch Institut Report, 2002)? Wie lange können 20%, was in etwa dem Anteil der Industrienationen entspricht, 80% der restlichen Nationen zum reinen Ressourcenlieferanten degradieren?"

All diese Fragen stehen in engem Zusammenhang mit der Frage, für welche Energiepolitik wir uns wohl entscheiden werden.

Egal wie man das Problem angeht, bei den internationalen Klimaverhandlungen stehen die Industriestaaten auf der Seite des Verursachers eines großen Teils dieser oben angesprochenen Fragen. Das Problem besteht aber hauptsächlich darin, dass die Betroffenen in erster Linie in den Entwicklungsländern, die Entscheider aber überwiegend in den Industrieländern leben. Christopher Flavin, Präsident des Worldwatch Institute, fasst die Problematik in folgende Worte: „Die dominierenden gesellschaftlichen Teilsysteme – Politik, Wirtschaft und Technologie- blenden aber systematisch die Perspektive der existentiell Betroffenen aus, solange sie autistisch nur ihren eigenen Wahrnehmungskriterien folgen- Macht oder Nicht-Macht bzw. Recht oder Unrecht im politischen-juristischen System, Haben oder Nicht-Haben im Wirtschaftssystem, Know-how im technologischen System (Worldwatch Institut Report, 2002, S.11)."

Für Fragen, wie die Menschen das Problem wahrnehmen, deren Kinder am Hungertod sterben, die auf den verschiedensten Teilen der Erde zu Kriegsflüchtlingen von Ressourcenkriegen verdammt sind, von denen über 1 Milliarde unter dem Existenzminimum leben, die aufgrund fahrlässiger Umweltzerstörung durch die Energiekonzerne keinen Zugang zu sauberen Trinkwasser haben, ist in dieser Diskussion nur wenig Platz.

Eine der größten Herausforderungen, der sich die Staats- und Regierungschef im Herbst 2002 in Johannesburg stellen müssen, ist die Entwicklung eines neuen Konzepts der Globalisierung- eines, das über den engen Gesichtspunkt von Handel und Finanzen hinausgeht, der die internationale Diskussion verzerrt hat und heftige öffentliche Reaktionen in Entwicklungs- wie Industrieländern ausgelöst hat. Eine harmonische globale Gemeinschaft zu schmieden ist nur möglich, wenn sie auf den universalen Prinzipien der Respektierung der Menschenrechte, der Befriedigung menschlicher Grundbedürfnisse und er Erhaltung der Natur für kommende Generationen beruht[1].

Obwohl es sich bei dieser Aufgabe um ein schier unerreichbares Ziel handelt, so lohnt es sich dafür allemal, Bewusstsein zu wecken und die Debatte tagtäglich aufleben zu lassen.

Die Hauptaufgabe dieser Analyse wird daher sein, die bedrohliche Lage in der Welt in Zusammenhang mit der Energiedebatte, den laufenden Klimaverhandlungen und die damit zusammenhängende Diskussion um erneuerbare Energieträger zu bringen.

In dieser Debatte geht es nicht darum, Recht von Unrecht oder Gut von Böse zu unterscheiden, es geht einfach darum, die Problematik, die mit der fossilen Energiewirtschaft verbunden ist, aufzuzeigen, ein Problembewusstsein zu wecken und auf einen möglichen Ausweg aus dieser „Energiekrise" und der damit verbundenen Weltordnung hinzuweisen, die erneuerbaren Energieträger.

Da es in der Literatur sehr viele alternative, interessante sowie diskutierenswerte Lösungsansätze für das Energiedilemma gibt, möchte ich mit dieser Diskussion auf keinen Fall die Lösung schlechthin präsentieren, oder eine Gesamtdarstellung der Problematik beanspruchen, sondern auf eine gute Möglichkeit hinweisen, dem Problem durch eine intelligente Energiepolitik zu begegnen.

---

1 Christopher Flavin, Präsident des Worldwatch Institut, Worldwatch Institut Report 2002, 63;

1. Einleitung

Energie ist heute das Lebenselixier der industrialisierten Gesellschaft. Wurden vor 2 Jahrhunderten die Werkzeuge und Transportmittel noch von Menschenhand oder Pferdestärken angetrieben, so wurde diese „lebendige Energie" beinahe gänzlich von Strom und Treibstoffen in Form von Öl, Gas, Uran und Kohle ersetzt.

Die stetige technische Verbesserung der Energieumwandlung machte Energie fortlaufend billiger und beschleunigte wiederum das industrielle Wachstum, den Rohstoffverbrauch und den Energieverbrauch in einer steil ansteigenden Kurve.

Die Abbildung 1 zeigt den gestiegenen Energiebedarf unserer technologischen Kultur im Verhältnis zu den vergangenen Kulturstufen auf und verweist auf die hohe Energieabhängigkeit unserer industriellen Gesellschaft.

Durch diesen steigenden Energieeinsatz in den täglichen Produktionsabläufen der Industrie und den wachsenden Bedarf an Rohstoffen für die industrialisierte Gesellschaft, ist Energie heute zum entscheidenden Faktor für die Stabilität der industrialisierten Gesellschaften geworden. Nicht nur die Wirtschaft ist von Energie abhängig geworden, sondern bereits die simpelsten Grundbedürfnisse eines „industrialisierten Menschen" können ohne den Einsatz von Energie nicht mehr befriedigt werden.

Ohne dauerhafte Energieversorgung können weder die landwirtschaftliche Produktion gesichert, noch der Wasserbedarf gestillt, noch Handwerk und Industrie betrieben und die Bevölkerung versorgt werden.Energie ist für die Industrieländer so wichtig geworden, dass ein Versorgungsausfall zu einem Zusammenbruch der politischen und wirtschaftlichen Stabilität führen würde. Energie ist durch diesen gestiegenen Einsatz in den verschiedensten Industrie –und Produktionsabläufen und zur Befriedigung der Grundbedürfnisse unserer technologischen Gesellschaft zur meist gehandelten Ware auf den internationalen Märkten geworden.

Tab.1:

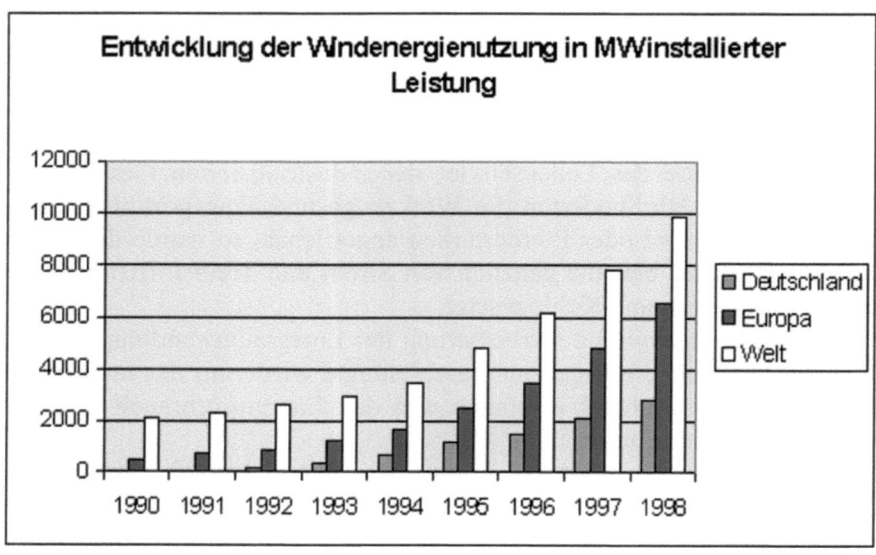

Quelle: Earl Cook, The Flow of Energy in an Industrial Society, Scientific American, 9/1971,S.136

Um diese Energieversorgung zu gewährleisten, hat sich eine politische Energiemacht gebildet, die die für die Energieversorgung notwendigen fossilen Rohstoffe weltweit kontrollieren (Scheer, 1993, S.33).

Diese Energieabhängigkeit unserer Industrieländer hat mittlerweile zu einem Wettlauf um die letzten verfügbaren Ressourcen geführt, der sich global besonders in den rohstoffreichen Ländern bemerkbar macht. Das Paradoxe daran ist nur, dass die Bevölkerung der rohstoffreichen Länder von diesem Wettlauf nicht profitiert.

Die Tatsache, dass es sich bei den konventionellen Energieträgern (Kohle, Öl, Erdgas, Uran) um nicht erneuerbare Ressourcen handelt, erklärt, warum die Frage, erneuerbare Energieträger zu nutzen, oder die fossile Energiewirtschaft weiter voranzutreiben, von existentieller Bedeutung geworden ist, da dieses Energiesystem nur auf absehbare Zeit aufrecht erhalten werden kann.

Bereits heute werden Kriege um die Vorherrschaft in den ressourcenreichen Gebieten geführt, da man sich den Zugang zu den Rohstoffen und damit die Versorgung der Industrieländer sichern will. Die härtesten Auseinandersetzungen spielen sich wohl heute in Afghanistan ab, die eine Schlüsselrolle beim Zugang zu den Öl- und Gasressourcen im und am kaspischen Meer spielen. Im Kapitel 4 gehe ich auf ausgewählte Krisenherde in der südlichen Hemisphäre ein, die allesamt in Verbindung mit Ressourcen stehen.

Erst wenn sich die Industriestaaten einer stabilen und prowestlichen Regierung sicher sind, können die notwendigen Investitionen in die teure Infrastruktur der Öl-Gaspipelines durch Afghanistan an den indischen Ozean getätigt werden und somit die kaspischen Rohstoffe auf die Weltmärkte gebracht werden.

Um sich der Bedeutung dieser Problematik bewusst zu werden, müssen zunächst das Problem und die damit verbundenen Konsequenzen der beschränkten Verfügbarkeit von nicht erneuerbaren Ressourcen erörtert und die Möglichkeiten erneuerbarer Energieträger aufgezeigt bzw. diskutiert werden.

2. Verfügbare Energie, eine nicht erneuerbare Ressource

„Der gesamte Energieinhalt des Universums ist konstant, und seine Gesamtentropie nimmt stetig zu" *(Isaac, 1970, S. 9)*.

So fasst der Wissenschaftspublizist Isaac Asinov die beiden Hauptsätze der Thermodynamik zusammen. Dieser eine Satz enthält mehr Wahrheit als man zunächst denkt. Um diesen Satz zu verstehen, muss man sich zunächst einmal der Tatsache bewusst werden, dass alles aus Energie besteht. Die Gestalt, Form und Bewegung alles Existenten ist in Wirklichkeit nur eine Verkörperung der verschiedenen Konzentrationen und Zustandsformen von Energie. Ein Auto, ein Blatt Papier, ein Computer stellt nur Energie in verschiedenen Zustandsformen dar. Wenn eines dieser Dinge „verschrottet", verbrannt oder zerstört wird, verschwindet die ihnen immanente Energie nicht. Sie wird lediglich an die Umwelt zurückgegeben.

Es handelt sich bei jedem Prozess nur um eine Umwandlung von Energie in einen anderen Zustand, und eben für diese muss ein bestimmter Preis bezahlt werden. Bei diesem Preis handelt es sich um einen Verlust an verfügbarer Energie, die in nicht mehr verfügbare Energie umgewandelt wird. Diesen Vorgang bezeichnet man als Entropie.

Das Problem, das sich daraus ergibt, besteht also darin, dass wir einmal verbrauchte Energie niemals wieder verwenden können. Weder Recycling noch eine andere Art von „Wiederverwertung" kann diesen Prozess rückgängig machen.

Recycling zum Beispiel erfordert Aufwand von zusätzlicher Energie bei Transport und Verarbeitung gebrauchter Materialien, was wiederum nur durch den Verbrauch neuer Quellen verfügbarer Energie bewerkstelligt werden kann. Obwohl effizientere Recyclingverfahren in Zukunft angewandt werden, gibt es keine Möglichkeit der hundertprozentigen Wiedergewinnung von Rohstoffen, also von Energie.

Tatsache ist daher, dass Technologie niemals Energie erzeugt, sondern nur verfügbare Energie verbraucht. Trotzdem überlassen wir uns dem Wahn, dass Technologie uns irgendwann aus der Abhängigkeit von unserer Umwelt befreien könnte, obwohl gerade das Gegenteil der Fall ist. Umso komplizierter die Techniken der Energieumwandlung werden (Kernspaltung bis hin zur Kernfusion), umso abhängiger werden wir von einer kleinen Zahl von „Energiemultis". Die Weiterentwicklung der Technik macht uns also nicht von der Natur unabhängiger, als wir es früher waren, sondern kompliziert nur die Energieumwandlungsmethoden und macht uns dadurch zum Sklaven unserer eigenen Erfindungen.

Hermann Scheer beschreibt diese Situation in seinem Buch Sonnenstrategie folgendermaßen: "tatsächlich ist der moderne `Energie-Imperialismus` die intensivste Form der existenziellen Abhängigkeit großer Teile der Staatenwelt und der gesamten Weltwirtschaft von einer relativ kleinen Zahl wirtschaftlicher und politischer `Kontrolleure´, die das atomare/fossile Energiesystem beherrschen. Das Teuflische daran ist, dass dieser der `effektivste´ aller bisherigen Imperialismen ist, weil er der subtilste und am schwersten zu enttarnende ist", der im letzten Jahrhundert eine ebenso unbemerkten wie ungebremsten Siegeszug hinter sich hat (Scheer, *1993, S.41)."

In der politischen Erörterung der Energiefrage werden die vielen nationalen und internationalen Zugangs- und Verteilungskonflikte, die Gier nach den begehrten Rohstoffen Öl, Gas und Kohle immer wieder verschleiert bzw. wird nach einer Legitimationsgrundlage des vorherrschenden Systems gesucht.

Das Festhalten an der atomaren/fossilen Energiewirtschaft wird als unabdingbarer Sachzwang dargestellt, was in Wirklichkeit rücksichtsloses Interessenspiel des „politisch- energiewirtschaftlichen Komplexes" ist, der selbst dem „politisch – militärischen Komplex" übergeordnet ist *(Kronberger, 1998, S.9).* Die scheinbar unüberwindliche Abhängigkeit von fossilen Energieträgern wird als „natürlich" dargestellt, obwohl es sich dabei nur um ein fiktives Konstrukt handelt, das von den Machtträgern unserer Gesellschaft erfunden wurde, um das fossile Energiesystem zu legitimieren.

Die Menschen in den Industrienationen werden mit erschöpfbaren natürlichen Ressourcen (Öl, Gas, Kohle) geradezu überschüttet, was den Anschein erwecken soll, dass es eine Knappheit der Ressourcen bzw. eine Abhängigkeit von wenigen Anbietern (Konzernen) nicht gibt.

Damit wird denen der Wind aus den Segeln genommen, die vor einem absoluten Kollaps unseres Wirtschaftssystems warnen, welches den Industrienationen, eben durch diesen künstlichen Überfluss und politisch regulierte Dumpingpreise bei erschöpfbaren Ressourcen, das ökonomische Wachstum und den verschwenderischen Konsum erlaubt *(Massarrat, 1993, S. 12)*.

Hinter dem scheinbaren Überfluss tickt unaufhörlich eine Bombe, deren Entladung nur eine Frage der Zeit ist. Die größten Krisenherde, die zur Zeit die Welt in Atem halten, stehen alle direkt oder zumindest indirekt mit der Jagd nach Ressourcen in Verbindung. Ob es sich dabei um den Machtkampf am Golf zwischen dem Irak und dem Rest der Welt, um den Tschetschenienkrieg, die Auseinandersetzungen am Balkan, den Krieg in Afghanistan oder verschiedene Krisenherde in Afrika handelt, überall dort geht es um die Herrschaft über die Ressourcen.

Die Entwicklung zeigt sich immer klarer: Die Produzentenländer werden zunehmend ärmer, die Händler der Rohstoffe immer reicher! Wir befinden uns mitten in einem gigantischen Zentralisierungsprozess, in dem demokratische Spielregeln zugunsten angeblicher wirtschaftlicher Zwänge außer Kraft gesetzt werden, bei dem jedes Land jederzeit zum Spielball der Giganten um die Herrschaft über die Ressourcen werden *(Kronberger, 1998, S.15)*.

Unverständlich ist, warum nicht schon seit Jahren politische Konsequenzen aus der Kenntnis dieser Tatsachen gezogen wurden, obwohl verschiedenste Wissenschaftler bereits seit Jahrzehnten auf die Problematik unserer fossilen und atomaren Energiewirtschaft aufmerksam machen. Bereits 1926 forderte der französische Physiker Alphonse Bergerot, dass die Solarenergienutzung „die Aufgabe der Physiker und Ingenieure von morgen" sein wird: „Unsere Kohlvorräte versiegen allmählich, noch schneller die Ölvorkommen, und man kann absehen, vor allem wenn der Bedarf der Industrie weiterhin so erschreckend zunimmt, dass wir in ein paar Jahrhunderten, vielleicht schon in 150 oder 200 Jahren, gezwungen sein werden, die Energie, die wir brauchen, von den Naturkräften zu holen. Wir haben die Wasserkraft und die Gezeitenkraft: Die Wellenkraft ist die wichtigere, und von ihr gibt es zwei Formen, die wir ausnützen müssen: die Energie des Windes und die der Sonnenstrahlen (Georges *Alexandroff/ Alain Liebard, 1979, S.10)."*

Obwohl diese Erkenntnis beinahe ein Jahrhundert alt ist, so sind klare Vorzeichen einer Änderung an der für Mensch und Natur fatalen Energiepolitik der internationalen Staatenwelt nur in marginalem Ausmaß erkennbar und die Lage verschlechtert sich weiterhin drastisch. Das Problem ist die politische Bereitschaft, einen neuen Weg zu gehen, der die aktuellen Machtverhältnisse fast zur Gänze aufweichen würde, nämlich die Anwendung erneuerbarer Energieträger in einem regionalem Wirtschaftsgefüge, wie es Hermann Scheer beschreibt (Scheer, 1999).

Der Umstieg auf erneuerbare Energien, Hermann Scheer nennt es die „Solare Weltwirtschaft", scheitert bislang nicht an der technischen Vorraussetzung, auf was ich später noch genauer eingehen werde, sondern am Interessenspiel der Energiekonzerne, die ihren Einfluss bereits weit über die wirtschaftlichen Strukturen hinaus in die Politik der internationalen Staatenwelt ausgeweitet haben *(Kronberger 1998, S. 9)* und damit nicht nur die internationalen Spielregeln der Wirtschaft, sondern auch der Politik zu ihren Gunsten diktieren.

Um die wirtschaftlichen Strukturen zu verstehen, in denen wir uns heute zu Beginn eines neuen Jahrtausends befinden, müssen wir zunächst auf die Entstehung und Hintergründe der globalen Weltordnung und der damit verbundenen Konsequenzen eingehen.

3. Globalisierung und Neoliberale Weltordnung

„Der Neoliberalismus ist das vorherrschende Paradigma der politischen Ökonomie unserer Zeit, es bezieht sich auf die Politik und die Prozesse, mittels derer es einer relativ kleinen Gruppe von Kapitaleignern gelingt, zum Zwecke persönlicher Profitmaximierung möglichst weite Bereiche des gesellschaftlichen Lebens zu kontrollieren (vgl. Robert W. Mc Chesney 1998, S.7)."

Die Prinzipien dieses Neoliberalismus, der weltweit im Vormarsch ist, werden von Parteien der Mitte ebenso übernommen wie von denen der traditionellen Linken und Rechten, mit dem Unterschied, dass die selben Prinzipien in unterschiedlicher Weise vermarktet werden.

Getragen wird der heutige Neoliberalismus unter anderem von Theorien des Ökonomen Milton Friedman, der in seinem Buch Kapitalismus und Freiheit belegt, dass das Gewinnstreben zum Wesen der Demokratie gehöre, weshalb jede Regierung, die nicht vorbehaltlos auf Marktstrategien setze, antidemokratisch sei, auch wenn sie die Unterstützung einer gut informierten Öffentlichkeit genieße.

Infolgedessen sollte die Funktion der Regierung am besten auf den Schutz des Privateigentums und die Geltendmachung vertraglicher Rechte, und die politische Diskussion auf Nebenthemen beschränkt werden, während die Produktion und Distribution von Ressourcen und die gesellschaftlichen Institutionen durch Marktmechanismen reguliert werden (vgl. Friedman).

„Demokratie ist in diesem System solange zulässig, solange die Wirtschaft von demokratischen Entscheidungsprozessen verschont bleibt, d.h. solange die Demokratie keine ist, bzw. nicht zum Störfaktor wird (Chomsky, 1998, S.10).''

Augenscheinlich wird genau diese Politik in den USA forciert, wo zwei Pseudoparteien einander ablösen, ohne sich aber in den politischen Grundsätzen zu unterscheiden.

Das theoretische Gedankengebäude des Neoliberalismus geht sehr weit zurück und ist auch unter dem Begriff „Konsens von Washington" bekannt, der sich auf eine Reihe von Marktprinzipien bezieht, die die Regierung der Vereinigten Staaten mit den von ihr weitgehend beherrschten internationalen Finanzinstitutionen entworfen und durchgesetzt hat. Die Grundsätze dieser neoliberalen Ordnung lauten: Liberalisierung von Handel und Finanzen, Preisregulierung über den Markt, makroökonomische Stabilität und Privatisierung. Naom Chomsky beschreibt den Neoliberalismus als „neues Zeitalter des Imperialismus", welcher die Interessen der Transnationalen Unternehmen (TNC s), Banken und Investmentfirmen vertritt.

Obwohl die Wurzeln dieser Weltordnung, die im Laufe der Geschichte unterschiedliche Formen angenommen und verschiedene Namen erhalten hat: Imperialismus, Neokolonialismus, Nord-Südkonflikt, Zentrum vs. Peripherie, G-7 und ihre Satelliten vs. den Rest der Welt, bis zur Entdeckung Amerikas zurückreichen, mit der eigentlich „das große Werk der Unterwerfung und der Eroberung" (Chomsky, 2001,S. 27) beginnt, so erfahren all diese Weltordnungen im heutigen Neoliberalismus erst eine noch nicht da gewesene globale Ausbildung. Möglich wird diese Entwicklung durch ein Fortschreiten der Globalisierung, durch das Aufweichen politischer und kultureller Grenzen.

Besonders aussagekräftig sind dabei die Recherchen des Diplomatiehistorikers Gerald Haines, der sich mit den Wurzeln des heutigen Neoliberalismus im 20 Jahrhundert beschäftigt und die herrschende Meinung auf den Punkt bringt: „Schon lange vor dem zweiten Weltkrieg waren die Vereinigten Staaten Weltwirtschaftsmacht Nummer eins.

Das wurde mit dem Krieg nicht anders: Die USA blühten ökonomisch auf, während ihre Konkurrenten stark geschwächt wurden. Die staatlich koordinierte Kriegswirtschaft war schließlich in der Lage, die Große Wirtschaftskrise zu überwinden. Mit Kriegsende besaßen die Vereinigten Staaten den Reichtum der halben Welt und eine in der Geschichte beispiellose Machtposition. Natürlich ging es den „hauptsächlichen Architekten" der Politik darum, diese Macht auszunutzen, um ein ihren Interessen angemessenes globales System zu entwerfen.

In hochrangigen Dokumenten wird die hauptsächliche Bedrohung dieser Interessen, vor allem im Hinblick auf Lateinamerika, radikalen und nationalistischen Regierungen" zugeschrieben, die bereit sind, dem Druck des Volks nachzugeben, das die „schnelle Anhebung des niedrigen Lebensstandards der Massen" und Entwicklungshilfe für die eigenen Bedürfnisse einklagt. Solche Forderungen stehen im Konflikt mit dem Verlangen nach „einem politischem und wirtschaftlichen Klima, das privaten

Investitionen förderlich ist" sowie den angemessenen Rückfluss der Profite und die „Sicherung unserer Rohstoffe garantiert- die natürlich auch dann „uns" gehören, wenn sie sich in anderen Ländern befinden (vgl. Chomsky, 1998, S. 24).

In verschiedenen Staaten Südamerikas wurden unter dem Vorwand obgenannter Theorien demokratische Regierungen im Keim erstickt, um die Stabilität der allgemeinen Weltwirtschaft nicht zu gefährden.

Henry Kissinger beschreibt in den 70iger Jahren Chile als einen „Virus", der in bezug auf die Möglichkeit gesellschaftlicher Veränderungen falsche Botschaften aussenden und andere Länder befallen könnte. Angesichts solcher Gefahren für „den Wohlstand des kapitalistischen Weltsystems" sind Terror und Subversion zur Wiederherstellung der Stabilität gerechtfertigt.

Die außenpolitischen Geheimpläne der USA, die nach dem Ende des Zweiten Weltkriegs entworfen wurden, wiesen jedem Teil der Welt seine besondere Rolle zu.

Dem Süden wurde weiterhin eine dienende Funktion zugewiesen. Winston Churchill stellte nach dem 2. Weltkrieg klar, dass „den reichen Männer, die zufrieden in ihren Behausungen leben, die Weltregierung anvertraut werden muss." Mit dieser Aussage hat sich zwar nichts grundlegendes in der damaligen Weltordnung geändert, aber die Vereinigten Staaten und Großbritannien ergänzten Europa in der Rolle des „Kolonialherrn". In diesen Jahren wurden verschiedene Dokumente verfasst, in denen man auf die größten Gefahren der damaligen Weltordnung hinwies: „Die Hauptbedrohung" amerikanischer Interessen „sind radikale und nationalistische Regime," die bereit sind, dem Druck der Strassen nachzugeben, Wenn „die schnelle Anhebung des niedrigen Lebensstandards der Massen" und Entwicklungshilfe für die eigenen Bedürfnisse gefordert wird. So etwas gerät natürlich in Konflikt mit dem Verlangen nach „einem politischen und wirtschaftlichen Klima, das den privaten Investitionen förderlich ist", die angemessene Repatriierung der Profite[1] garantiert und den „Schutz unserer Rohstoffe" sicherstellt (George Kennan). Darum sollten wir, wie der klarsichtige Chef des außenpolitischen Planungsstabes 1948 erkannte, „nicht mehr über verschwommene und.... unrealistische Ziele wie Menschenrechte, Anhebung des Lebens-

---

[1] (NSC 5423/1, 1954)- NSC steht für National Security Council, d.h. für den Nationalen Sicherheitsrat, d.Ü.

standards und Demokratisierung sprechen", sondern müssen „frei von idealistischen Phrasen" über „Altruismus und Weltbeglückung" mit eindeutigen „Machtkonzeptionen arbeiten", wenn wir die „Position der Disparität" aufrechterhalten wollen, die unseren ungeheuren Reichtum von der Armut der anderen trennt (Kennan).

Die US Außenpolitik konzentrierte sich in der Folgezeit auf gezielte Schwächung von „nationalistischen Bewegungen". Auf der Amerika-Konferenz, die im Februar 1945 in Chapultepec (Mexiko) stattfand, forderte die USA eine „gesamtamerikanische Wirtschaftscharta", die den „Wirtschaftsnationalismus" in all seinen Formen beseitigen sollte.

Diese Politik stand im scharfen Widerspruch zum lateinamerikanischen Standpunkt, den ein Beamter des US-Außenministeriums als „Philosophie des neuen Nationalismus" beschrieb. Sie laufe „auf eine Politik hinaus, deren Ziel die umfassende Verteilung des Reichtums und die Hebung des Lebensstandards der Massen" sei.

Laurence Duggan, der politische Berater des Außenministeriums, vertrat die Auffassung: "Der Wirtschaftsnationalismus bildet den gemeinsamen Nenner der neuen

Industrialisierungsbestrebungen. Die Lateinamerikaner sind davon überzeugt, dass der erste Nutznießer bei der Entwicklung der Ressourcen eines Landes die eigene Bevölkerung sein sollte." Im Gegensatz dazu waren die USA der Meinung, die ersten Nutznießer sollten die US-amerikanischen Investoren sein, während Lateinamerika seiner dienenden Funktion nachkommen müsse. Lateinamerika solle, so die Regierungen Truman und Eisenhower, keiner „exzessiven industriellen Entwicklung" unterzogen werden, die die Interessen USA verletzen könnte (Green, 1971, VII, S. 2).

Knapp 50 Jahre später können wir das Gelingen dieser Politik nur noch bestätigen.

In Hinblick auf Asien erhielten die oben genannten Grundsätze, wie Bruce Cumings bemerkt, ihre erste definitive Form in einem Entwurf des Dokuments NSC 48 vom August 1948 (Cumings, 1990, S.172).

Das grundlegende Prinzip wird als „Handelsbeziehungen zu beiderseitigem Vorteil" bezeichnet. Auch hier erteilt man allen Bestrebungen zur eigenständigen Entwicklung eine Absage: „Für sich genommen besitzt keines der asiatischen Länder ausreichende Ressourcen, die einer allgemeinen Industrialisierung als Grundlage dienen könnten." Indien, China und Japan könnten sich „diesem Status annähern", mehr aber auch nicht.

Die Vereinigten Staaten müssen Mittel und Wege finden, um „wirtschaftlichen Druck" auf diejenigen Länder auszuüben, die nicht bereit sind, ihre Rolle als Lieferanten von „strategischen Waren und anderen Rohmaterialien" zu übernehmen. Hierin liegt, so Cumings, der Keim für die spätere US-Politik der wirtschaftlichen Kriegsführung. Pläne für die Entwicklung Afrikas wurden niemals ernst genommen, es sei denn, sie bezogen sich auf die von Weißen beherrschten Gebiete (vgl. Chomsky, 2001, S.70ff.).

Zusammenfassend bestand die Hauptaufgabe „Südostasiens" darin, Rohstoffe für die Industriemächte zu liefern.

Europa sollte Afrika „ausbeuten", um die Kriegsfolgen zu überwinden und in Lateinamerika sollte die Monroe-Doktrin durchgesetzt werden, was Präsident Wilson wie folgt beschreibt: „Die Vereinigten Staaten sollten mit dem Eintreten für die Monroe-Doktrin ihre eigenen Interessen im Auge haben". Die Interessen der lateinamerikanischen Länder sind lediglich „Nebensache", berühren uns nicht weiter. Die „hauptsächlichen Nutznießer" der Ressourcen sind US-Investoren, während Lateinamerika seiner dienenden Funktion ohne eine die Interessen der USA verletzende unvernünftige Rücksichtnahme auf allgemeinen Wohlstand oder „übertriebene industrielle Entwicklung" nachzukommen ist (Chomsky, 1998, S. 28).

Die selben Ziele wurden in der Golfregion seit der Entdeckung der Erdölreserven verfolgt, denn solche Staaten konnten und durften nicht sich selbst überlassen werden, da man ohne regulierenden Eingriff die eigene Abhängigkeit von den sogenannten Rohstoffländern heraufbeschworen hätte. Man erkannte bereits in den zwanziger Jahren, dass die Macht über die Rohstoffe über Sieg oder Niederlage im Kampf um die ersten Plätze in der Industriegesellschaft entscheiden würde (vgl. Scheer, 1998).

Die Ausgangsposition, die den Neoliberalismus in der heutigen Form erst zulässt, geht weit in die Geschichte zurück, denn die wirtschaftliche Vormachtstellung der sogenannten Industriemächte, und die damit verbundene Unterteilung in Industrie- und Entwicklungsstaaten wurden schon viel früher geschaffen, mit der Entdeckung Amerikas und dem Seeweg nach Indien. Die oben beschriebene Außenpolitik der USA nach dem 2. Weltkrieg veränderte eigentlich nur die Vormachtstellung Europas zugunsten der Vereinigten Staaten.

Die Eroberung der Neuen Welt und die Entdeckung des Seeweges nach Ostindien gilt als der Beginn einer brutalen Eroberung und Unterwerfung der restlichen Welt, vorangetrieben von den Mächten Portugal, Spanien, Holland und England, die ihre Handelsstrukturen ihren militärisch weit unterlegenen Kolonien aufzwangen und damit die einheimischen Geschäfts- und Handelstrukturen zu Fall brachten, die auf diesen Eingriff von außen nicht vorbereitet waren. Adam Smith beschreibt diese Ereignisse 1776 mit folgenden Worten: „Die Entdeckung Amerikas und die Entdeckung eines Seeweges nach Ostindien, der über das Kap der Guten Hoffnung führte, sind die beiden größten und wichtigsten Ereignisse, welche die Geschichte der Menschheit verzeichnet. Welche Vorteile oder Missgeschicke der Menschheit aus diesen Ereignissen noch erwachsen mögen, kann die menschliche Weisheit nicht vorhersehen. Die Entdeckung Amerikas .... war ohne Zweifel ein ganz und gar wesentlicher Beitrag zur Lage Europas, denn dadurch eröffneten sich neue und unerschöpfliche Märkte, die zu einer umfassenden Ausweitung der produktiven Kräfte und zu Wohlstand und Gewinn führten. Theoretisch hätten sich die neuen Tauschbeziehungen ...... sich für den neuen Kontinent als genauso vorteilhaft erweisen müssen wie für den Alten."

Adam Smith weiter dazu: „Die brutale Ungerechtigkeit der Europäer ließ ein Ereignis, das sich für alle zum Vorteil hätte auswirken müssen, für einige dieser unglücklichen Länder zum Ruin und Zerstörung werden. Für die Eingeborenen... der Ostindischen wie Westindischen Inseln sind alle Handelsvorteile, die sich aus diesen Ereignissen hätten ergeben können, von dem furchtbaren Unglück, das diese Länder befiel, in den Abgrund gerissen worden. .... Mit der Überlegenheit, die Gewalt verleiht, konnten sie (Europäer) in diesen entlegenen Ländern ungestraft jede Ungerechtigkeit begehen."

Mit der Eroberung der Neuen westlichen und östlichen Welt war der Grundstein für eine neue Weltordnung gelegt.

Das Abhängigkeitsverhältnis zwischen Rohstofflieferanten und Industriestaaten wurde dadurch immer intensiver, da die europäischen Mächte ein Zustandekommen örtlicher Industrie weitgehend zu unterdrücken wussten, mit der eindeutigen Absicht, die eigene Industrie zu stärken und die Kolonien zu bloßen Rohstofflieferanten zu degradieren.

Beispielsweise gab es in England parlamentarische Erlässe von 1700 und 1720, die die Einfuhr bedruckter Stoffe aus Indien, Persien und China verboten. Alle bei Zuwiderhandlungen aufgefundenen Güter waren zu konfiszieren, zu versteigern und zu re-exportieren. Ein Importverbot galt auch für Kaliko aus Indien, einschließlich „aller Kleidungsstücke oder Austattungen.... in oder an Betten, Sitzkissen, Vorhängen oder sonstigen Haushaltsgeräten (Chomsky, 2001, S. 42)."

Solche Maßnahmen waren unvermeidlich, schrieb Horace Wilson in seiner 1826 erschienen History of British India. „Andernfalls hätten die Mühlen von Paisley und Manchester gleich zu Anfang mit ihrer Arbeit aufgehört und wären kaum wieder in Bewegung zu setzen gewesen, nicht einmal durch Dampfkraft. Sie wurden durch die Opferung der indischen Hersteller geschaffen."

Ähnlich wie der Textilindustrie erging es auch anderen in der Neuen Welt bereits sehr weit fortgeschrittenen Industriezweigen. Die Entwicklung in den meisten Regionen der
neuentdeckten Welt wurde systematisch verhindert. Solche Beispiele sind nicht die Ausnahme. Weltweit drängte man die rohstoffreichen Ländern in die Rolle eines Rohstofflieferanten, der selbst kein Recht auf wirtschaftliche und politische Entwicklung hat.

Der Wirtschaftshistoriker José de Arruda aus Brasilien kommt zum Schluss, dass die „Kolonien als Handelsinvestitionen" als Investitionen sehr gewinnbringend waren, nämlich für die Holländer, die Franzosen und vor allem die Briten. „Die koloniale Welt ..... erfüllte ihre Hauptfunktion als Bindeglied für die Anfänge der Kapitalallokation." Sie begünstigte „den Transfer kolonialer Reichtümer in die Metropolen, die dann um die Aneignung des kolonialen Mehrwerts kämpften." Das trug grundlegend zum wirtschaftlichen Wachstum Europas bei. Doch die Kalkulation, fügt er hinzu, lässt den Hauptgesichtspunkt außer acht: „Die Profite wurden individuell angeeignet, die Kosten aber auf die Gesamtgesellschaft umgeschlagen." Das System ist wesentlich gekennzeichnet durch „gesellschaftliche Verluste", die einhergehen mit „der Möglichkeit kontinuierlichen Fortschritts für den Kapitalismus" und für „die privaten Schatzkammern der Handelsbourgeoisie (vgl. Chomsky, 2001, S.42 ff.)."

200 Jahre später könnte man das Wort „Handelsbourgeoisie" mit „Transnationalen Konzernen" ersetzen und schon hat man die Idee des Neoliberalismus grob umrissen.

In unserer Informations- und Technologiegesellschaft wurden zwar die Rohstoffe wie Wolle, Stoffe, Gewürze, Teppiche usw. aus dem Süden um die Rohstoffe Erdöl, Erdgas, Uran ...... erweitert, aber die Tatsache, dass der Süden eine Aufgabe hat und zwar diejenige, die extreme Konsumgesellschaft des Nordens mit Rohstoffen zu beliefern, hat sich seit der Kolonialisierung nur noch verschlimmert.

Welche Auswirkungen diese gewaltsam eingerichtete Weltordnung für die „Rohstoffländer im Süden" hat, versuche ich im nächsten Kapitel darzustellen.

4. Folgen der heutigen Energiepolitik

4.1. Der Nord - Südkonflikt im Zusammenhang mit der Energiefrage

Mit dem Ausdruck „Rohstoffe machen arm" trifft Hans Kronberger den Nagel auf den Kopf. Damit spricht er das Ungleichgewicht zwischen den oft ressourcenreichen aber armen Staaten des Südens und den meistens ressourcenarmen und reichen Industrienationen an.

Die Tatsache, dass etwa 1,1 Milliarden Menschen in den Industriestaaten des Nordens (1/5 der Weltbevölkerung) den größten Teil der produzierten Ressourcen konsumieren z.B. 86% des Aluminiums und der Chemikalien, 81% des Papiers, 80% von Eisen und Stahl sowie 75% der Energie, sprechen für sich.

Auf der anderen Seite stammen nach derselben Studie des Washingtoner World Watch Institute ein Großteil der Ressourcen aus den Entwicklungsländern des Südens, z.B. 44% des Bauxits, 44 % des Kupfers, 67 % des Zinns und 46 % des Öls *(Massarat, 1993, S. 11)*.

Die Marktökonomie des Nordens gedeiht auf Kosten der Natur und der Menschen in den Entwicklungsländern, denn dieser Ressourcenreichtum müsste doch konsequenterweise auch zu Wohlstand und Entwicklung in diesen Ländern führe, was offensichtlich aber nicht der Fall ist. Tatsächlich werden in den ressourcenreichen Ländern des Südens, die im Norden benötigten Ressourcen abgebaut und in die Industrieländer verkauft, ohne dass die Ressourcenländer aber an diesem weltweiten Energiehandel viel verdienten, mit Ausnahme einiger Staaten wie Kuwait, Omar, Quatar und Saudi Arabien und die dort regierenden Minderheiten.

Diese Problematik beschreibt Mohssen Massarrat in seinem Buch „Endlichkeit der Natur und Überfluss in der Marktökonomie" ausführlich und geht dabei besonders auf die Gründe für den widersinnigen Verfall der Rohstoffpreise (trotz ihrer Erschöpfbarkeit), welches der Auslöser für die kläffende Armut in den Ländern des Südens ist, ein.

Die rohstoffproduzierenden Länder des Südens versuchen diesem Preisverfall zu entkommen, indem sie die Quantität in der Produktion erhöhen um die Einnahmeverluste aus dem Preisverfall auszugleichen, was unweigerlich zu Überproduktion und weiterem Preisverfall führt, obwohl es sich um erschöpfbare Ressourcen handelt.

Da die Menschen im Süden an der Armutsgrenze leben, kämpfen sie ums nackte Überleben, ohne der Übervorteilung des Nordens entrinnen zu können. Durch die politische und militärische Macht der Industrienationen gelingt es den starken Verhandlungspartnern dieses dualen Systems, wie es Massarrat nennt, den schwächeren Pol tatsächlich in den Dienst der eigenen Versorgung mit den erschöpfbaren Ressourcen zu stellen.

Massarrat (1993, S. 101): „Das bürgerlich- kapitalistische und auf Gleichheit der am Tauschprozess beteiligten Rechtssubjekte beruhenden Rechtssystem des Nordens durchdringt dynamisch expansionistisch das starre und auf Naturalwirtschaft bzw. Tributsystem beruhende Rechtssystem des Südens und verändert die traditionelle Ordnung des letzteren, ohne gleichzeitig die eigene bürgerlich- kapitalistische Ordnung an deren Stelle zu etablieren."

Durch die Ungleichheit der beiden Partner kommt es zu einer Diskriminierung des Südens, indem mit den Ressourceneigentümern der Rechtssysteme des Südens Verträge abgeschlossen werden, die zum Zweck der Übervorteilung sowie der Prellerei des Partners konstruiert sind *(Massarrat, 1993, S. 101).*

Diese Ausbeutung kommt darin zum Ausdruck, dass die Staaten ihre Souveränität hinsichtlich der Ressourcenausnutzung durch langfristige und auf die Nutzungsfläche fixierte Nutzungsverträge an die Firmen des Nordens übertrugen, die diese dazu befähigten, nun „legal" die Ressourcen in beliebiger Menge auszubeuten. Diesen Staaten blieb somit zur Steigerung ihrer Einnahmen nur die Alternative, immer neue Gebiete zur Ressourcennutzung auszuweiten *(Massarrat, 1993, S. 101).* Die Folgen solcher einseitigen Verträge sind Überproduktion und der daraus resultierende Preisverfall, der die Schlinge, die um die Staaten des Südens gelegt wurde, immer enger werden lässt. Folge solcher Verträge sind Verarmung dieser Länder und rücksichtslose Naturzerstörung. Mit den gedrückten Einnahmen aus den Exporten sind die Länder des Südens gerade reich genug, dass sich die vom Norden gehaltenen Diktatoren militärisch brüsten können, aber zu arm, um eine in ihrem Sinne nachhaltige

Energiepolitik zu betreiben, die wirtschaftliche und soziale Entwicklung im eigenen Land voranzutreiben und die Basis eines breiten Demokratisierungsprozesses zu legen.

Diese wirtschaftlichen und politischen Missstände, die seit langer Zeit von den Industrienationen verursacht werden, stellen einen fruchtbaren Boden für Krisen dar, die die verschiedenen Regionen seit Jahren heimsuchen.

Anhand der nächsten Beispiele wird zu klären versucht, welches die Gründe für die einzelnen krisengeplagten Länder sind, die sich vielfach inmitten „der Stellungskämpfe" der Industrienationen befinden.

4.2. Krisenregion Golf

Die Krise am Golf ist nicht erst eine Erscheinung des letzten Jahrzehnts, sondern ein Krisenherd, der bereits seit Jahrzehnten nicht zur Ruhe kommt. Auslöser für diesen Konflikt waren und sind immer wieder die großen Erdölvorkommen, die die Staaten am Golf zu den ressourcen- und damit konfliktreichsten Regionen der Welt machen.

4.2.1. Iran

Der Iran hatte bereits in den 70er Jahren mit großen innenpolitischen Problemen zu kämpfen. Der amerikafreundliche Schah Reza Pahlavi versuchte mit den Erdölmillionen ein Modernisierungsprogramm in Gang zu setzen, welches nicht nur die Mullahs gegen ihn aufbrachte, sondern auch die Bevölkerung seines Landes überforderte, er schaffte weder die Grundlagen für eine breite Demokratisierung, noch konnte er die soziale Entwicklung seines Landes vorantreiben, was die Unzufriedenheit der Bevölkerung nährte. Diese kritische Lage nützten religiöse Fundamentalisten für eine Restauration des Islam aus, welche durch den im Pariser Exil lebenden Ayatollah Khomeini, der gegen den Schah und seine Familie agierte, unterstützt wurden. Zwischen der Kaiserfamilie und dem islamischen Würdenträgern war es bereits zu Zeiten des Vaters Reza Pahlavis zu Differenzen gekommen. Als die Regierung den Großgrundbesitz enteignete, waren auch Besitztümer der schiitischen Geistlichkeit betroffen.

Zum endgültigen Aufstand gegen den auch international wegen Menschenrechtsverletzungen kritisierten Schah kam es im Januar 1979. Auslöser dafür war ein Zeitungsartikel, in dem Khomeini der Lächerlichkeit preisgegeben wurde. Es kam zu Protesten, die in der Anfangsphase von der Regierung niedergeschlagen wurden. Als sich diese Unruhen auf das ganze Land ausbreiteten, brachten die Demonstranten die Erdölförderung des Landes nahezu zum Erliegen. Der Schah versuchte mit einer Militärregierung die Unruhen zu beenden. Als dann aber am 25.12.1978 die Erdölförderung gänzlich zusammenbrach, verließ der Schah am 16.01.1979 mit seiner Familie das Land. Khomeini kehrte nach Teheran zurück. Unter dem neuem Regime kam der Iran aber nicht zur Ruhe. Durch die Ausfälle der Erdölproduktion im Iran kam es zu einer neuerlichen Ölkrise, was den Preis von 13 auf 34 Dollar pro Barrel katapultierte. Bereits 2 Monate später nahm das neue Regime die Förderung wieder in Betrieb, was die Märkte erheblich entspannte. Einige Monate später kam es aber neuerlich durch islamische Fundamentalisten zu Unruhen, welche die im Iran begonnene Revolution aufs westlich orientierte Saudi Arabien ausweiten wollten, ein Versuch, der von den Saudis niedergeschlagen wurde.

4.2.2. Irak

Die Entwicklung im Iran wurde vom Westen mit Argwohn betrachtet, da man das Gleichgewicht am Golf in Gefahr sah. Der Iran und der Irak befanden sich im Dauerstreit um den Meerzugang am Persischen Golf. Diese Auseinandersetzungen wurden seit 1975 im Vertrag von Algier geregelt, in welchem sich die beiden Staaten über eine Grenzziehung am Schott el Arab (unter Regie der USA) geeinigt hatten. Der Irak, der eigentlich den ganzen Fluss für sich in Anspruch genommen hatte, war darin das Talwegprinzip (Grenzziehung inmitten des Flusses) aufgezwungen worden. Als Gegenleistung hatte der Iran die Unterstützung der Kurden im Norden des Irak eingestellt.

Nach der Flucht Schah Reza Pahlavis im Januar 1979 und der Machtübernahme Ayatollah Khomeinis im Februar 1979 verschlechterten sich die Beziehungen zwischen Teheran und Bagdad zusehends.

Im Irak hatte Saddam Hussein 1979 die Macht ergriffen, der sich selbst zum Präsidenten, Ministerpräsidenten, Vorsitzenden des Revolutionsrates und Generalsekretär der Baath- Partei ernannte. Saddam Hussein galt von Beginn an als grausamer und brutaler Zentralist, der willkürlich Todesurteile verhängte und jede Opposition im Keim erstickte. Der Irak befand sich zu diesem Zeitpunkt in einer guten wirtschaftlichen Verfassung. Die Irakische Regierung hatte bereits unter dem Vorgänger Husseins, Präsident Baku, im Jahr 1972 die Iraq Petroleum Company verstaatlicht, was die Einnahmen explodieren ließ *(Schulze, 1994, S. 293)*.

Saddam Hussein erhöhte den Lebensstandard seiner Bevölkerung, bemühte sich um Gleichberechtigung der Frauen und um die Alphabetisierung der Einwohner. Auf der anderen Seite setzte er aber seine Machtansprüche mit skrupelloser Brutalität durch und wurde ohne geeignete Ausbildung höchster Militärführer und beseitigte Rivalen durch gesteuerte Todesurteile *(Krech, 1991, S. 32)*.

Die Öleinnahmen stiegen von 1970 – 1980 von 26 Milliarden Dollar auf 51 Milliarden Dollar an. Der Irak gehörte damit zu den ölreichsten, aber auch sozial intaktesten Staaten am Golf (Krech, S. *35)*. Ein Problem, was den Irak doch schwer belastete und immer noch belastet, war der vorher genannte schwierige Zugang zum Meer, um den Export zu sichern. Einerseits musste man sich den Schott el Arab mit dem Iran teilen, und zum zweiten befinden sich die irakischen Ölterminals in Mina el Baki und Hor al Amaya, die mehr als 60 km nach Einmündung des Schott el Arab im Meer liegen, direkt im Zielgebiet iranischer Kanonen.

Nach dem Regierungswechsel im Iran forderte Hussein seinen Nachbarn auf, die drei besetzten Inseln vor Bahrain entsprechend dem Vertrag von Algier zu räumen *(Schulze, 1994, S. 295)*. Am 1.09.1980 kündigte Hussein den Vertrag von Algier, da der Iran seinen Forderungen nicht nachgekommen war, und beanspruchte die gesamte Wasserstraße für den Irak. Mit dem Bombenangriff vom 22.09.1980 war der Grundstein für einen Krieg gelegt, der acht Jahre dauern und zu keiner Lösung führen sollte.

Dieser Krieg wurde aber nachweislich auch vom Westen geführt, da man Hussein „ein Freund des Westens" hochgerüstet hatte, um das Mullah Regime im Iran zu schwächen. Es ging um die Vormachtstellung am Golf.

Die Schäden werden pro Kriegspartei auf 150 – 200 Milliarden US Dollar geschätzt, dazu zerstörte Infrastrukturen in der Höhe von 450 Milliarden US Dollar für den Irak und 650 Milliarden US Dollar für den

Iran. Die lächelnden Dritten waren die Waffenhändler aus aller Welt und jene Mächte, die Freude an der Destabilisierung der Region haben, um ihre eigene Machtposition zu sichern *(Kronberger,1998, S. 122)*. Fest steht auf jeden Fall, dass die USA, Deutschland, Russland und Frankreich Hussein mit den modernsten Waffen belieferten. Aber auch der Golfkooperationsrat GCC (Golf Cooperation Council –Kuwait, Bahrain, die Vereinigten arabischen Emirate und Quatar) unterstützten den Irak mit Milliardendollarbeträgen, da man sich vor den islamischen Fundamentalisten in Unsicherheit wog.

Als jedoch Hussein 1990 in Kuwait einmarschiert, um sich einen sicheren Zugang zum Meer zu verschaffen, wird aus dem Verbündeten plötzlich eine Bedrohung, die international die Wogen hochschlagen lässt. Von der Presse wurden die anschließenden Militäraktionen gegen Hussein als Aktion für den Frieden am Golf und Demokratie dargestellt. Zudem sollte der Aggressor, der über ein gigantisches Waffenarsenal inklusiv Giftgas verfügte, in die Schranken gewiesen werden.

Die wirklichen Kriegsgründe, die die 38 Staaten gegen den Irak bewegt haben, wurden im Nachhinein in einer Stellungnahme von Greenpeace zum Ausdruck gebracht: „Eine der maßgeblichen Ursachen dieses Konfliktes ist der Versuch, durch die Sicherung billiger Erdölquellen das industrielle Energieverschwendungssystem weiterhin zu gewährleisten. Der Irak ist in Kuwait einmarschiert, um sich die reichen Ölfelder dieses Landes anzueignen. Die USA sichern sich durch diesen Krieg den Zugang zu den reichsten Ölvorräten der Welt, denen der Golfregion."

Aber auch die Aussage des damaligen Präsidenten George Bush lässt nichts an der Überzeugung offen, dass man nicht an Demokratie und Friede am Golf, sondern vielmehr am Öl interessiert war und noch immer ist: „Unsere Wirtschaft, unsere Lebensart, unsere Freiheit und die Freiheit befreundeter Länder auf der ganzen Welt, alles würde leiden, wenn die Kontrolle über die großen Ölreserven der Welt in die Hände Saddam Husseins fiele" *(Yergin, 1991, S. 843)*. Der Zauberlehrling der USA hatte sich auf einmal selbständig gemacht und bedrohte mit den gelieferten Waffen die Interessen der Industrienationen. Durch den Angriff auf irakische Stellungen mit den modernsten Waffen, die je in einem Krieg eingesetzt wurden, verstärkten die USA ihre Stellung als Weltmacht am Golf und machten Saudi Arabien und Kuwait einmal mehr von sich abhängig, welche großteils die Militärkosten, die nach Kronberger ca. 100 Milliarden Dollar betrugen, getragen haben.

Heute, zehn Jahre später, ist weder von einem Sturz des irakischen Regimes noch von den Menschenrechten im Irak die Rede. Lee Hamilton, Vorsitzender des Unterausschusses für Europa und den Nahen Osten im US- Repräsentantenhaus, gestand vor dem Beginn des Krieges: „Der Grund für unseren Einsatz am Golf ist viel alltäglicher: Geld und Öl- und wer die Kontrolle darüber ausübt. Wir wollen natürlich auch einen Aggressor in die Schranken weisen." Die Voraussage des Franzosen Berenger aus den zwanziger Jahren, dass „derjenige, der das Erdöl besitzt, die Welt besitzen wird," behält auch am Anfang des neuen Jahrhunderts seine Gültigkeit. Welche Großmacht auch immer die Kontrolle über die Energieressourcen in der Golfregion erringt, sie wird dadurch im großen Ausmaß auch die Entwicklung der Welt beherrschen. Ein dritter Weltkrieg, sollte er stattfinden, würde wahrscheinlich um die Energiequellen in der Golfregion geführt werden."

4.3. Schauplatz Afrika

Fast zeitgleich wird auch Afrika von Unruhen heimgesucht, die alles andere als hausgemacht sind.

Überall dort, wo Öl bzw. Gasvorkommen entdeckt oder vermutet werden, wird ein blutiger Krieg geführt. Multinationale Konzerne haben das Land fest in ihren Händen, indem sie sich entweder direkt einen Diktator halten, oder aber Bürgerkriege finanzieren. Nach außen werden die Kriege oft als Stammeskriege dargestellt, im Hintergrund agieren aber Waffenfinanziers und multinationale Konzerne, obwohl die offensichtlichen Zusammenhänge immer wieder unter den Teppich gekehrt werden. In Zaire war z.B. Frankreich Hauptausbeuter der Bodenschätze und hielt sich daher auch „seinen Diktator" Mobutu Sese Seko.

Die Amerikaner, die ebenfalls an den Bodenschätzen Zaires interessiert sind, unterstützten die Machtergreifung von Laurent Desire Kabila, der sich am 17.05.1997 zum Präsidenten der demokratischen Republik Kongo ernannte *(Kronberger, 1998, S. 92)*. Der Redakteur der „Frankfurter Allgemeinen Zeitung" Udo Ulfkotte beschreibt die Situation folgendermaßen:

„Aus amerikanischer Sicht hatte man ein Hauptziel erreicht: Nicht das Schicksal der unter Mobutu ums Überleben kämpfenden Zairer, sondern einzig der strategische Zugriff auf die zairischen Rohstoffe für amerikanische Konzessionäre waren Beweggrund für die Unterstützung Kabilas, der in Vergangenheit ebenso wenig wie Diktator Mobutu als Freund der Menschenrechte aufgefallen war." Die Frage, ob der von Washington geförderte Kabila um die Demokratie in Zaire/Kongo einführen würde, beantwortete der Kommentator der „Welt am Sonntag", Siegmar Schelling, am 18. Mai 1997 wie folgt: „Nichts spricht dafür bei einem Mann, der in den eroberten Gebieten Verträge zur Ausbeutung der reichen Bodenschätze an internationale Konzerne vergibt, als gehöre ihm das Land schon persönlich (Ulfkotte, 1997, S. 62).

Unter ähnlichen Bedingungen kam es in der Republik Kongo zu einem Putsch, der dem Armeegeneral Denis Sossou-Nguesso an die Macht verhalf. Hinter diesem Putsch steckte offensichtlich eine Rivalität zwischen dem französischen Erdölmulti Elf Aquitaine und dem US-Konzern Occidental Petroleum.

Der demokratisch gewählte Präsident Pascal Lissoube hatte mit dem Unternehmen Occidental Petroleum einen Vertrag über 263 Millionen Mark ausgehandelt, was den Zorn des französischen Konzerns Elf Aquitaine und der französischen Regierung auf sich zog, da man den aus Kolonialzeit herrührenden Zugriff auf die Rohstoffe Kongo-Brassaville gefährdet sah. Tatsächlich hat die französische Regierung, bereits einen Tag nach der Machtübernahme durch Sassou-Nguesso die neue Regierung diplomatisch anerkannt.

Pressemeldungen zufolge habe sich Elf Aquitaine den Putsch in Kongo 15 Millionen Dollar kosten lassen (Kronberger, 1998, S. 95).

Gravierender ist die Situation in Angola, ein Land, das seit 25 Jahren im Bürgerkrieg lebt, der bisher 1,5 Millionen Menschenleben forderte. Das Land hat 12 Millionen Einwohner, die in bitterster Armut leben, obwohl das Land zu den rohstoffreichsten in Afrika zählt. Ölfirmen wie Texaco, Elf Aquitaine und Chevron fördern 650.000 Barrel Öl täglich. Angola verfügt zusätzlich über reiche Diamantenvorkommen, die sich russische, südafrikanische und brasilianische Konzerne aufteilen. Die Militärregierung gibt die Hälfte ihrer Einnahmen für das Militär und 2 Prozent für das Gesundheitswesen aus. In Zukunft werden riesige Erdölfunde in Angola erwartet, was die Situation noch weiter verschlimmert (Kronberger, 1998,S. 97).

Ganz unverblümt demonstriert die ehemalige amerikanische Außenministerin Albright in Angola am 12.12.1997, dass die USA großes Interesse am angolanischen Öl haben und die Ausbeute auch mit Milliarden-

Krediten fördern wollen, was aber nichts anderes heißt, als dass die USA bereits die Ausbeutung der neuen angolanischen Erdölfelder fest in der Hand haben. Albright: „Die Vereinigten Staaten haben starkes nationales Interesse daran, Afrika an diesen Fronten zu helfen. So haben die Ölimporte aus Angola bereits jetzt einen Anteil von 7 Prozent an den gesamten amerikanischen Ölimporten. Wir erwarten, dass diese Zahlen in den kommenden Jahren dramatisch ansteigen werden. Die Export- Importbank der Vereinigten Staaten steht knapp vor dem Abschluss eines innovativen Darlehens in der Höhe von beinahe 90 Millionen Dollar, mit denen der Ankauf von amerikanischem Material finanziert werden soll. Ich freue mich sehr, heute eine bahnbrechende Initiative ankündigen zu können: Das Fachwissen der US- Agentur für internationale Entwicklung wird vereint mit Chevrons Geldern für die gemeinsame Verantwortung hier in Angola. So soll der Wiederaufbau und die wirtschaftliche Entwicklung unterstützt werden" (Kronberger, 1998, S. 97).

Unter welchen Vorzeichen dieser Wiederaufbau in Angola stattfindet, ist aber keinesfalls zu rechtfertigen. In den Abbauregionen sollen große Umsiedlungspläne realisiert werden, um die Gebiete für die Erdölförderung frei zu machen.

Es werden bereits Umsiedlungs- und Schadensersatzpläne detailliert festgelegt, welche aber die Lebensumstände der Einheimischen in keinerlei Weise berücksichtigen.

Während das Erdölkonsortium (Elf Aquitaine 20 Prozent, Esso 40 Prozent, Shell 40 Prozent) behauptet, es gehe nur um 50 – 150 Familien, erfuhr der Journalist Martin Zint vor Ort andere Zahlen: „Ich habe mit dem Parlamentsabgeordneten dieser Region gesprochen, der hat mir gegenüber gesagt, es sind über 30.000 Personen betroffen (Fluch, Sendung „NOVA", ORF 27.01.1998)."

Die Situation in Angola ist mittlerweile so prekär, dass aufgrund der Zerstörung von Staatsfunktionen während des angolanischen Bürgerkrieges Söldnerunternehmen entstanden, die ihre Söldnerdienste den streitenden Parteien und Ölfirmen anbieten. Die Philosophie dieser Söldner ist denkbar einfach: „Ihre Stoßtruppen gehorchen keiner Regierung mehr und fühlen sich keiner politischen Ideologie verpflichtet. Sie befolgen die Gesetze des Profits. Im Auftrag krisengeplagter Präsidenten greifen sie in Bürgerkriege ein und sichern die Macht der Eliten. Ihre Dienste werden fürstlich entlohnt: mit Schürfrechten für Diamanten, mit Konzessionen für Ölfelder und Lizenzen für Wirtschaftsunternehmen. Aus Barlows

(Erben Barlow, erfolgreichster Söldnerboss Afrikas) militärischer Keimzelle ist ein ökonomisches Imperium gewachsen, das die Ressourcen Afrikas ausbeutet (Kronberger, 1998, S. 97)."

Eine ähnliche Situation lässt sich in Nigeria feststellen, wo täglich 2 Millionen Barrel gefördert werden. Das sind 3 Prozent der Weltproduktion. Die Shell-Petroleum Development Company of Nigeria (SPDC) ist Betriebsführer eines Konsortiums, bestehend aus der Nigerian National Petroleum Corporation mit 55 Prozent, Shell 30 Prozent, Elf Aquitaine 10 Prozent, Agip 5 Prozent. Die Umweltverbrechen in Nigeria lassen sich kaum beschreiben. Allein zwischen 1982 und 1992 sind 1,6 Millionen Barrel Erdöl in Erdreich und Flüsse gesickert. Die Folgen waren sterbende Pflanzen, Tiere, Ölseen auf fruchtbarem Ackerland und Menschen mit Hautkrankheiten. Drei Viertel des in Nigeria entströmenden Gases wurden abgefackelt, nach Shellangaben täglich rund 56,6 Millionen m³. Als Strafgebühr für das Abfackeln bezahlen die Erdölmultis 1 Mark pro 50.000 m³ Gas. Das Ergebnis ist, dass sich bei der Abfackelung Kohlenmonoxid und Kohlendioxid bilden, die sich bei Regen wieder ins Trinkwasser mischen; die Menschen trinken dann verdünnte Säure (Kronberger, 1998, S.106).

Trotz des Ressourcenreichtums ist der Großteil der Bevölkerung arm. Das reiche Militärregime hat nach Angaben westlicher Geheimdienste 300 Milliarden Dollar auf europäischen Konten deponiert (Kronberger, 1998, S. 106).

Kronberger spricht die Befürchtung aus, dass die internationalen Konzerne systematisch Militärregime mästen, um jeden Demokratisierungsversuch im Keime zu ersticken, denn Diktaturen sind wesentlich leichter zu handhaben als ein demokratisches System, das darauf fußt, einen gewissen Sozialstandard aufrecht zu erhalten, und in dem sich durch die Mitsprache des Volkes die Gesetzeslage ändern kann (Kronberger, 1998, S. 106).

Sudan: Nachdem die Regierung nach der Entdeckung von Erdöl 1980 einen Friedensvertrag mit den Rebellen ausgehandelt hatte, flammte der Bürgerkrieg 1983 wieder auf und hat seitdem über zwei Millionen Menschen das Leben gekostet. Eine Million Sudanesen sind ins Ausland geflohen, weitere 4,5 Millionen befinden sich innerhalb der Landesgrenzen auf der Flucht. Seit 1999 mit dem Export von Erdöl begonnen wurde, hat sich der Konflikt weiter verschärft. Dank der Deviseneinnahmen konnte die Regierung den Verteidigungshaushalt um das Dreifache aufstocken und zusätzliche Waffenimporte finanzieren; darüber hinaus nutzt die Armee für ihre Operationen die von den Ölgesellschaften angelegten Strassen und Landebahnen. Mit dem Ziel, an Erdölvorkommen reiche und potenziell ölträchtige Gebiete im Südsudan zu entvölkern, bombardiert die Armee Dörfer, vernichtet Ernten und raubt Vieh. Zudem versucht sie mit Waffenlieferungen an bestimmte Gruppen bestehende Stammeskonflikte anzuheizen. Die Oppositionsgruppen greifen unter anderem auch Erdölanlagen an.

Die Liste der ausgebeuteten afrikanischen Staaten könnte hier noch weiter fortgeführt werden, das würde aber den Rahmen dieser Arbeit sprengen[1] (vgl.Worldwatch Institute, 2002, S.244ff).

4.4. Krisenregion Mittelasien und Südamerika

Auch in Mittelasien setzt sich die Liste der Staaten fort, die aufgrund ihrer Erdöl und Erdgasvorkommen das Interesse der westlichen Welt geweckt haben und sich heute gewissermaßen in internationale Konflikte involviert sehen.

Das Gebiet rund um das Kaspische Meer ist mittlerweile aufgrund der hohen Erdöl- und Erdgasvorkommen zum Mittelpunkt der Begierden für die Industrialisierten Länder aufgestiegen. In dieser Region vermutet man Öl und Gasvorräte, die die zweitgrößten Reserven nach denen des Persischen Golfes darstellen sollen. In dieser Region prallen die Interessen der OECD- Staaten, Russlands und Chinas aufeinander.

Für die OECD- Staaten stellt dieses Gebiet eine Brücke zwischen dem Kaspischen Meer, dem Schwarzen Meer und dem Weltmeer dar, die es ermöglicht, Russland zu umgehen. Daher verfolgt man mit erheblichem wirtschaftlichen und politischem Aufwand die Strategie, die ehemaligen Sowjetrepubliken von Russland zu lösen. Mit Tschetschenien hat Russland 1996 bereits eine der wichtigsten strategischen Positionen verloren, denn der einfachste Weg, Erdöl und Erdgas aus Baku und den umliegenden Erdölfeldern ans Schwarze Meer zu transportieren, geht über Tschetschenien.

---

[1] Michael Renner: „Die Verbindung zwischen Ressourcen und Repression zerschlagen"(Worldwatch Institute , 2002, S. 244ff).

Nun versucht Russland über Dagestan im Norden Tschetscheniens auszuweichen und der Abhängigkeit von Tschetschenien zu entrinnen. Neben Tschetschenien spielen die Staaten Aserbaidschan, Armenien, Georgien westlicherseits des Kaspischen Meeres bis zum Schwarzen Meer und Turkmenistan, Afghanistan und Pakistan zum Arabischen und Indischen Ozean, die Türkei zum Mittelmeer, der Iran zum persischen Golf und der Balkan eine wichtige Rolle als Transportrouten für die USA – OECD- Staaten. Wie gereizt die Situation in diesen Gebieten schon ist, lässt sich am oben erwähnten Tschetschenienkrieg, dem armenisch aserbaidschanischen Krieg in Nagomi- Karabach am Bürgerkrieg in Georgien und dem Krieg gegen die Kurden in der Türkei ablesen.

In Afghanistan wurden die fundamentalistischen islamischen Taliban von den USA in der Hoffnung aufgerüstet, dass man nach einem Ende der Kämpfe, wenn es dazu überhaupt kommt, „stabile Verhältnisse" für die geplanten Pipelineprojekte vorfindet.

Wie sich die Lage in Afghanistan nach den Terroranschlägen im September 2001 entwickelt, kann man zur Zeit in den Medien verfolgen.

Aber auch China spielt im Machtkampf um die Ressourcen eine wichtige Rolle, indem man sich in Kasachstan bereits 1997 mit über 5 Milliarden Dollar, die höchste je getätigte Auslandsinvestition, in das Ölgeschäft eingekauft hat und eine riesige Pipeline nach China plant (Kronberger, 1998, S.156).

Auf jeden Fall ist der ausländische Ansturm auf die Öl- und Gasressourcen rund um das Kaspische Meer wieder voll im Gange, und auf den möglichen Öltransportrouten toben bereits blutige Kriege, die gegen die Menschen und die Natur geführt werden. Die Neue Züricher Zeitung dazu: „Einer der einflussreichsten strategischen Denker Amerikas, der frühere Sicherheitsberater Brezinski, erblickt in dem Staatengürtel entlang der Südgrenze Russlands einen „eurasischen Balkan", ein Pulverfass also, dessen Explosion der Westen verhindern muss. Wie die klassischen Geopolitiker des 19. Jahrhunderts sieht er ein gefährliches Machtvakuum im Herzen der eurasischen Landmasse, die er als Schachbrett bezeichnet, auf dem der Kampf um die globale Führungsstellung ausgefochten wird. Andere Beobachter greifen ebenfalls auf ein Denkmuster des letzten Jahrhunderts zurück und glauben, es hat - mit anderen Mitspielern und Trumpfkarten – eine neue Runde im Great Game begonnen, jenem heute mystisch verklärten Wettlauf des Britisch Empire mit dem Zarenreich um die Machtposition in Zentralasien und im Mittleren Osten" (Kronberger, 1998,S.158).

Das Einzige, was sich also seit einem 3/4 Jahrhundert geändert hat, ist die Tatsache, dass es nun nicht mehr allein um die Energiequellen am Golf, sondern inzwischen auch um die Ressourcen auf dem afrikanischen Kontinent, in Südamerika und am Kaspischen Meer handelt.

Südamerika: Krisengebiet Kolumbien

Seit 1992 müssen ausländische Ölgesellschaften eine „Kriegssteuer" von über einem U$ pro Barrel zur Finanzierung des Schutzes der Förderanlagen gegen Rebellenangriffe entrichten. Zumindest Occidental Petroleum hat auch direkte Zahlungen an die kolumbianische Armee geleistet. Die unterschiedlichen Guerillagruppen haben zusammen rund 140 Mio.U$ an Zahlungen von den Ölgesellschaften erpresst. Obwohl Erdöl heute der wichtigste Devisenbringer des Landes ist, profitieren nur wenige Kolumbianer direkt davon und fürchten Eingeborenengruppen wie die U`wa das Vordringen der Erdölindustrie in ihre Lebensräume. Proteste gegen die Erschließung neuer Erdölvorkommen werden häufig mit militärischer Gewalt unterdrückt.[2]

Mit welch brutalen Methoden die Industrienationen sich die Ressourcenvorherrschaft erkämpfen und welchen Stellenwert die Energieversorgung bei den Industriestaaten einnimmt, lässt sich an diesen Beispielen ablesen.

Welche Priorität der Energieversorgung mittlerweile zukommt, wird durch die Erklärung der NATO- Gipfelkonferenz am 07.08.1991 in Rom deutlich.

Im Punkt 13 der „Erklärung von Rom über Frieden und Zusammenarbeit" heißt es unmissverständlich: „Sicherheitsinteressen des Bündnisses können von anderen Risiken berührt werden" wie „der Unterbrechung der Zufuhr *lebenswichtiger Ressourcen*, sowie von Terror und Sabotageakten."

---

2 Kolumbien ist nur ein Beispiel für das gnadenlose Vorgehen der Erdölkonzerne gegen Mensch und Natur in Südamerika. Auch in Brasilien, Costa Rica und Venezuela gibt es genügend Beispiele für „Ressourcenkonflikte".Vgl. Michael, Renner: „Die Verbindung zwischen Ressourcen und Repression zerschlagen", in Worldwatch Institute, 2002, S. 244ff.

Für diesen Fall sieht der Art. 4 des Vertrages von Washington vor und zwar in Form von Mechanismen für Konsultationen „zur Koordinierung der Maßnahmen der Bündnispartner einschließlich ihrer Reaktionen auf derartige Risiken (Kronberger, 1998, S. 161)."

Diese Formulierung gibt unmissverständlich zu verstehen, dass bei irgendwelchen akuten Versorgungsproblemen der Militärapparat der Nato in Bewegung gesetzt wird. Die Nato demonstriert auf jeden Fall, dass sie eine reibungslose Ressourcenversorgung der Industrienationen gewährleisten wird, wenn nötig auch durch militärische Maßnahmen, was am Golf bereits Realität geworden ist. Der Stellenwert, der damit der Energieversorgung innerhalb der Nato zukommt, wird dadurch sicherlich deutlich.

Die Darstellung dieses äußerst komplexen Systems, das im letzten Jahrhundert von den Industriestaaten und den multinationalen Konzernen weltweit inszeniert wurde, hat nicht nur zu unermesslicher Zerstörung und Leid bei Natur und Mensch in den obgenannten Ländern geführt, sondern verhindert mit unglaublicher Macht die unbedingt notwendige Wende in der Energieversorgung.

Es ist kaum verständlich, wie regungslos die Welt diesen gewaltsamen Auseinandersetzungen um die letzten Ressourcen der Erde zuschaut. Es regt sich kaum ein Widerstand gegen die offensichtliche Zerstörung, deren Ausmaße nur erahnt werden können. Obwohl Wissenschaftler bereits seit Jahrzehnten vor dem drohenden Kollaps warnen (Club of Rome), gibt man sich damit zufrieden, dass die Ausmaße nicht so dramatisch wären, wie vorhergesagt wurde. Selbst die bereits wahrnehmbaren Wirkungen wie Klimawandel und Erderwärmung werden angezweifelt, da die Beweise anscheinend noch nicht 100prozentig als erwiesen angesehen werden. Dabei kommen die kritischen Stimmen meist aus der Lobby der Erdöl- und Erdgaskonzerne selbst, die aus reinem Eigennutzen eine Alternative zur fossilen Energieversorgung als prinzipiell „nicht machbar" hinstellen.

Die „Ressourcenkriege" auf der ganzen Welt sind nicht Anlass genug, um nur ansatzweise die Alternative „Erneuerbarer Energieträger" zu diskutieren und der Kampf gegen Natur und Mensch geht unvermindert im neuen Jahrtausend weiter, als wären wir die letzte Generation, die auf der Erde und von den natürlichen Ressourcen leben müsste.

Eine treibende Kraft in diesem Umverteilungs- und Konzentrationsprozess sind heute internationale Konzerne, die ihre Macht immer weiter auszuweiten versuchen. Diese treten in die Fußstapfen jener Staaten, die im 17. und 18. Jahrhundert die Neue Welt versklavt und diese ihrer Rohstoffe beraubt haben.

Staaten werden von ihnen gegeneinander ausgespielt und demokratisch gewählte Regierungen zu ihren Kolonialverwaltungen gemacht.

Diese „Global Players" gehören, wie in dieser Arbeit immer wieder aufgezeigt wird, nicht zufällig größenteils der Ressourcenwirtschaft an. Es sind Energie-, Rohstoff- und Agrarkonzerne. Sie sehen sich außerhalb ihrer eigenen Unternehmen in keiner Verantwortung für Menschen, Natur und Zukunft. Transnationale Konzerne sind auf dem besten Wege, eine privatunternehmerische organisierte globale Planwirtschaft in Form globaler Kartelle zu errichten (vgl.Scheer, 1998,S. 25).

Diese „Transnationalen Energiekonzerne" sind es, die auf die heutige Wirtschafts- und in dieser Arbeit diskutierten Klimapolitik Einfluss nehmen und sinnvolle Alternativen im Bereich Energieversorgung zu verhindern wissen.

In dieser Arbeit geht es hauptsächlich darum, diese Problematik zu diskutieren und verschiedene theoretische Ansätze aufzuzeigen, wobei die Diskussion um „Erneuerbare Energien" im Mittelpunkt steht.

Die relativ weitläufig verfasste Einführung ist insofern wichtig, da es sich bei der politischen Diskussion um erneuerbare Energien nicht nur um eine technische Diskussion handelt, sondern um einen Ansatz, der die heutige Weltordnung in seiner Entwicklung mehr denn je in Frage stellt. Es geht nicht nur darum, ob ein Kohlekraftwerk in Zukunft mit einem Windpark oder einer Photovoltaikanlage ersetzt werden wird, sondern darum, aufzuzeigen, dass bei der Gegenüberstellung von fossilen und solaren Energieträgern zwei unterschiedliche Weltordnungen diskutiert werden, der Neoliberalismus und die solare Weltwirtschaft, wie sie Hermann Scheer nennt.

Die Schwierigkeit liegt dabei nicht so sehr in der technischen Umsetzung, sondern in den verkrusteten Strukturen und Machtverhältnissen, die sich über die letzten Jahrhunderte entwickelt haben und schlussendlich zur fossilen Weltwirtschaft geführt haben.

Wie schwierig die Lage mittlerweile ist, lässt sich anhand der internationalen Klimaverhandlungen darstellen. Die Energiekonzerne legen sich bei den Klimaverhandlungen quer und erzielen somit zumindest eine zeitliche Verzögerung. Die Macht dieser Konzerne auf die internationale Staatenwelt wird bei den internationalen Klimaverhandlungen deutlich, die an der Lobby der Energiekonzerne zu scheitern drohen. Seit Jahren wird nun allein über die Vorgehensweise beim internationalen Klimaschutz verhandelt, ohne jedoch irgendwelche quantitative Ziele zum Schutz der Natur und des Menschen erreicht zu haben.

Anhand der internationalen Klimaverhandlungen der neunziger Jahre möchte ich die Vorgehensweise der internationalen Politik aufzeigen, die den Übergang zu einer „solaren Weltwirtschaft" weitgehend verhindert, um die heute bestehenden Machtverhältnisse unserer Weltwirtschaft nicht zu gefährden bzw. diese weiter voranzubringen.

5. Klimaschutz und Erneuerbare Energien: Das Scheitern der Klimaverhandlungen

Die internationalen Klimaverhandlungen sind heute zum wichtigsten Instrument für den Schutz der Umwelt und eine nachhaltige Energiepolitik geworden, obwohl sich die Resultate bis heute als sehr bescheiden erwiesen haben. Dabei ist die Nutzung Erneuerbarer Energien von allergrößter Bedeutung und wird entscheidend zum Erfolg oder zum Scheitern der Klimaverhandlungen beitragen.

Die Entwicklung erneuerbarer Energien hängt in hohem Maße von politischen Entscheidungen ab. Neben der nationalen Ebene gewinnt besonders die europäische und internationale Politik zum Thema Klimaschutz an Bedeutung, da sich kein Land der Erde den Folgen einer Klimaveränderung entziehen kann. Die erste Weltklimakonferenz fand in Rio de Janeiro statt, ohne jedoch eine politische Wende herbeizuführen.

5.1. Die Klimarahmenkonvention von Rio de Janeiro

Im Juni 1992 nahmen 132 Staats- und Regierungschefs an der UN-Konferenz über Umwelt und Entwicklung (UNCED) in Rio de Janeiro teil. Die Delegierten verabschiedeten die Klimarahmenkonvention (Vereinte Nationen 1992, die zu Vereinbarungen der Vertragsstaaten über Maßnahmen gegen das drohende Klimachaos führen sollten.

Die Erwartungen an diese Konferenz waren sehr hoch angesetzt und man listete gleich 21 Themenfelder auf, die besprochen werden sollten: Klimaveränderung, Ozonschichtzerstörung, grenzübergreifende Luftverschmutzung, Umweltlasten durch Schifffahrt, Zerstörung der Meeresbiologie, giftige Chemikalien, Abfalllasten, und dazu als „sektorübergreifende Themen" die Konsumverhaltensweisen, die Bevölkerungsentwicklung, die Armut, die Umweltqualität, die Gesundheit, die Lebensbedingungen von Frauen und Kindern, die internationale ökonomische Umwelt und die Ernährungssicherheit. Am Ende dieser Konferenz enthielt diese Agenda 31 Programmpunkte in einem Dokument von 800 Seiten Länge.

Ein entscheidender Mangel dieser Verhandlungen war jedoch, dass keine konkreten, für alle Parteien verbindliche Ziele vereinbart wurden. Es gab mit dieser Klimarahmenkonvention zwar eine erste völkerrechtlich verbindliche Vereinbarung zum Klimaschutz, mit der aber zunächst nur einige allgemeine Pflichten festgelegt wurden, wie z.B. die Erstellung von Treibhausgasinventaren oder die Entwicklung nationaler Maßnahmenprogramme. Einzelne Maßnahmen der Klimarahmenkonvention sollten aber dann bei den Vertragsstaaten Konferenzen diskutiert werden. Obwohl es bereits 1995 in Berlin zur 1. und 1996 in Genf zur 2. Vertragsstaatenkonferenz kommt, werden auf diesen Konferenzen weiterhin keine verbindlichen Maßnahmen getroffen, die zum Schutz des Klimas beitragen können, obwohl das von der UNO 1988 gegründete „zwischenstaatliche Klimaexpertengremium" (intergovernmental Panel on Climate Change) IPCC bereits seinen zweiten Bericht über den wahrnehmbaren Einfluss des Menschen auf das Klima konstatiert hatte.

5.2. Das Kyoto Protokoll von 1997

Die wichtigste Vertragsstaatenkonferenz, auf der erstmals quantitative Reduktionsziele und Realisierungszeiträume besprochen wurden, fand 1997 in Kioto statt. Hier wurde im Detail über Ziele und Realisierungszeiträume gesprochen. Nach dem sogenannten Kyotoprotokoll, das zwar unterzeichnet, jedoch nicht ratifiziert (völkerrechtlich verbindlich) ist, sollen die sogenannten Annex B-Länder (hauptsächlich Industrieländer) ihre Treibhausgasemissionen[1] bis zum Jahr 2008, spätestens jedoch 2012 gegenüber 1990 um durchschnittlich wenigstens 5 Prozent senken.

Für die Europäische UNION wurde ein Minderungsziel von 8 Prozent festgelegt, für die USA 7 Prozent, Kanada und Japan 6 Prozent und Russland und die Ukrainer verpflichteten sich, ihre Emissionen auf dem Stand von 1990 zu halten.

Neben diesen Minderungsmaßnahmen auf nationaler Ebene kommen für die internationale Kooperation primär der Handel mit Emissionsrechten, die gemeinsame Umsetzung von Maßnahmen („Joint Implemen-

---

[1] Bei den Treibhausgasen handelt es sich um CO_2, CH_4, NCO, perflourierte Kohlenwasserstoffe (PFC 5), Fluorkohlenwasserstoffe (HCF5) und Schwefelhexafluorid (SF6).

tation") und der Mechanismus zur nachhaltigen Entwicklung ("Clean Development Mechanisms") in Frage (Kioto Protokoll, 1997, S. 30).

Die über diese Mechanismen erreichten Klimagasreduktionen dürfen dabei auf die nationalen Ziele (der Industrieländer) angerechnet werden. Erhebliche Meinungsunterschiede bestehen zwischen den einzelnen Staatengruppen allerdings darüber, bis zu welcher Obergrenze diese Maßnahmen zugelassen werden sollen. Zusätzlich bietet Handel mit Emissionsrechten, wenn dieser nicht quantitativ eingeschränkt wird, die Möglichkeit, sich von den Reduktionsverpflichtungen loszukaufen. Was die USA unterstützen wollen, ist der Plan, ein Handelssystem für Emissionslizenzen einzuführen. So könnte ein Staat, der sein Emissionskontingent überschreitet, ungenutzte Emissionslizenzen von anderen Ländern erwerben. Das Problem dabei besteht aber hauptsächlich in einer „gerechten Verteilung" der CO2 Emissionskontingente.

Die Industrieländer fordern eine Verteilung auf dem Stand ihrer Emissionen von 1990. Dem gegenüber bringen aber die Entwicklungsländer ihren hohen Nachholbedarf ein und würden dazu proportional größere Kontingente fordern. Das Hauptproblem solcher „Verschmutzerlizenzen" liegt in der extrem wirtschaftlichen Ungleichheit zwischen den reichen und den armen Staaten der Welt (Ross, Gelbspan, 1998, S. 123).

Obwohl es mittlerweile zu weiteren drei Vertragskonferenzen gekommen ist, 1998 Buenos Aires, 1999 Bonn, 2000 Den Haag, kann man die Situation seit 1997 als festgefahren beschreiben. Die Klimaverhandlungen kommen aus zwei Gründen beinahe zum Erliegen: durch die ökonomische Ungleichheit zwischen den reichen Ländern und den großen Entwicklungsländern und die Ausnutzung dieser Situation durch die Kohle und Erdölindustrie im Verein mit den kohle- und erdölproduzierenden Ländern.

Nachdem sich die USA im März 2001 von den Verhandlungen zurückgezogen hatte, einigten sich im Juli 178 Nationen in Bonn über einige Kernpunkte der Regelungen. Viele Details dieses Bonner Beschlusses betrafen Kompromisse beim Emissionshandel, den Senken und dem Kontrollverfahren, wodurch eine zusätzliche Flexibilität erzielt wurde, wie die Zielvorgaben von Kyoto erreicht werden können[2].

---

2 Kyoto Protokoll: Status of Ratification (vom 28. September 2001), www.unfccc.de, abgerufen am 1. Oktober 2001.

Wie kann das Kyoto-Protokoll in Kraft treten?

Das Kyoto-Protokoll wird erst dann verbindliches internationales Recht, wenn es von 55 Ländern ratifiziert wurde, die 55% der Emissionen der Industriestaaten und der ehemaligen Länder des Ostblocks aus dem Jahre 1990 repräsentieren. Bis zum Oktober 2001 hatten 40 Länder das Übereinkommen ratifiziert. Die meisten von ihnen sind Entwicklungsländer wie Argentinien, Mexiko, Senegal sowie viele kleine Inselstaaten wie Trinidad und Tobago. Durch das Ausscheren der USA müssen sich noch die Europäische Union, Russland, Japan, Kanada und Australien den Vertrag ratifizieren, bevor er in Kraft treten kann; die Regierungen all dieser Länder haben ihre Absicht bekundet, das Protokoll noch bis 2002 zum Gipfel in Johannesburg zu ratifizieren.

Staaten	Anteil der CO^2-Emissionen der größten Verursacher nach Anhang I von 1990 (%)
USA	36,1
Europäische Union	24,2
Russland	17,4
Japan	8,5
Polen	3,0
Andere europäische Staaten	5,2
Kanada	3,3
Australien	2,1
Neuseeland	0,2
Insgesamt	100

Die Regierungen gründeten auch einen speziellen Fonds, um Entwicklungsländern zu helfen, sich auf die Folgen des Klimawandels vorzubereiten. Die Behandlung noch ausstehender Probleme wurde auf die

Verhandlungen in Marrakech in Marokko vom 29. Oktober bis zum 9. November 2001 vertagt.

Der Interessenskonflikt, der sich zwischen den Industrie und Entwicklungsländern gebildet hat, wird von den Erdölmultis in vollen Zügen ausgenützt, um ein weiteres Voranschreiten der Klimaverhandlungen zu verhindern.

5.3. Interessenskonflikt zwischen Industrie- und Entwicklungsländern

Neben den oben aufgeführten Unstimmigkeiten zwischen den verschiedenen Verhandlungspartnern haben sich weitere Gruppierungen gebildet, die die Verhandlungen beinahe zum Scheitern bringen: OPEC, AOSIS (Alliance of Small Island States), EU, USA mit Partnern (Kanada, Australien, Japan), China mit Indien, Brasilien, Russland und Mexiko.

Die OPEC versucht die Klimaverhandlungen von allen Seiten zu torpedieren, um ihre eigene Wirtschaft nicht zu gefährden. Sie argumentiert hauptsächlich mit Unterstützung der industriegesponsorten Greenhouse Skeptics, dass sich die Wissenschaft noch nicht schlüssig sei in ihren Prognosen über die Klimaentwicklung. Dazu gesellen sich Staaten wie Kanada, USA, Australien und Neuseeland, die um das Wohl der eigenen Energiewirtschaft fürchten. Im Kern läuft deren Politik darauf hinaus, Vereinbarungen zu unterstützen, die ihre Industrie von der Klimakrise profitieren lässt.

Von diesen Staaten werden hauptsächlich die Kioto-Mechanismen unterstützt wie die gemeinsame Umsetzung von Maßnahmen („Joint Implementation"), der Mechanismus zu nachhaltiger Entwicklung („Clean Development Mechanisms") sowie der Handel mit Emissionsrechten. Der Amerikaner John Schlaes, selbst im Vorstand der Global Climate Coalition, bringt die Politik der Amerikaner auf den Punkt: „Da die US-amerikanischen Kohlekraftwerke zwei- bis fünfmal effizienter und sauberer sind als die chinesischen, sollten wir ihnen erst einmal unsere Anlagen verkaufen und dann die richtigen Grenzwerte für CO_2-Konzentrationen festlegen. Die effizienteren Kraftwerke sind also gut für die Umwelt und gut für die US-Wirtschaft (Gelbspan, S.122)."

Die kleinen Inselstaaten treten bei den Verhandlungen am nachdrücklichsten für strenge Grenzwerte ein, da sie befürchten, dass der Klimawandel besonders Inseln wie die Philippinen, Jamaika, die Marshallinseln und Samora betreffen könnte. Sie befürworten eine Reduktion der Treibhausgasemissionen um 20 Prozent bis 2005.

Ähnlich strenge Werte schlagen Deutschland und Großbritannien vor. Bundeskanzler Schröder sprach sich bei der Eröffnungsrede der 5. Weltklimakonferenz in Bonn 1999 klar für die eingegangenen Reduktionsziele für CO_2 Emissionen (-25 Prozent gegenüber 1990 bis 2005) aus (Bonn 1999).

Kritiker werfen den Vorwand ein, dass Deutschland nur deswegen eine drastische Emissionsreduktion vertrete, da durch die Wiedervereinigung nun auch viel weniger industrialisierte Regionen mit weit geringeren CO_2 – Emissionen zum Staatsgebiet gehören. Die deutschen Emissionen könnten daher ohne größere zusätzliche Belastungen auf die vorgeschlagenen Werte gesenkt werden (Gelbspan, S. 107).

Die Vorschläge bedeuten daher für Deutsche kein Opfer, glauben die Amerikaner, Australier und Neuseeländer. Die großen Entwicklungsländer wie China und Indien stehen bei der Unterstützung der Klimaverhandlungen in einem Zwiespalt. Einerseits verteidigen sie die Notwendigkeit eines wirtschaftlichen Aufschwungs, sehen aber gleichzeitig die durch einen industriellen Aufschwung entstehenden Gefahren, die ein solcher mit sich bringt. Hauptsächlich verlangen Vertreter dieser Staaten, dass die Industrieländer den ersten Schritt machen müssten, da sie ja für das Dilemma verantwortlich sind.

Dr. Anil Agarwal, der Leiter des indischen Forschungs- und Umweltschutzzentrums dazu: „Die USA sind die führende Macht der Welt. Wenn sie Führungsqualitäten zeigen, sind die Menschen stolz auf sie. Kommen die USA aber nicht von ihren hohen CO_2-Emissionen herunter, wird sich die jetzt schon ernste Lage von gefährdeten Ländern wie Bangladesch und den Malediven noch verschlimmern", denen beide die verheerenden Auswirkungen des Meeresspiegelanstiegs drohen." Das fördert natürlich das Misstrauen der Entwicklungsländer gegen die USA. Die Amerikaner müssen sich der Bedeutung ihrer Führungsrolle bewusst sein. Und da müssen Sie meines Erachtens noch dazulernen. Wenn man Frieden in der Welt will und Harmonie innerhalb der Grenzen unseres Planeten, dann muss es Gerechtigkeit geben. Wird ein Vertrag geschlossen, der eigentlich ungerecht ist, dann hat er keinen Bestand" (Gelbspan, S. 110).

Diese ausweglose Situation der bevölkerungsreichen Länder wie Indien und China wird von den OPEC-Ländern ausgenutzt, um die Verhandlungen zu bremsen. Die OPEC hat in den Klimaverhandlungen klargemacht, dass sie keine Beschränkungen akzeptieren werde, die nicht auch für die großen Entwicklungsländer gelten. Alles andere, so heißt es, sei völlig unfair den kohle- und erdölproduzierenden Ländern gegenüber, deren Einkünfte von den fossilen Energien abhingen (Ebd., S.115).

Eine indische Forscherin und die Verfasserin von „Global Warming in an Unequal World" (Agarwal/Narain,1992) beschreibt den Versuch, den ärmeren Ländern, deren Pro-Kopf-Verbrauch an Kohle und Erdöl vergleichsweise winzig ist, dieselben Beschränkungen aufzuerlegen wie den reichen Industriestaaten, deren wirtschaftliche Macht und Reichtum auf fossilen Brennstoffen gründen, als „ökologischen Kolonialismus".

Doch genau diese Taktik gebrauchen Saudi-Arabien und Kuwait, gemeinsam mit Vertretern der US-amerikanischen Kohle- und Erdölindustrie, um die Verhandlungen zu stoppen.

Ein weiteres Argument, das die OPEC und verschiedene Vertreter der USA gegen Emissionsreduktionen immer wieder einbringen, besteht in der Behauptung, dass der Forschungsstand noch zu unsicher sei, um geeignete Maßnahmen zu ergreifen.

In Genf lehnten 11 erdöl- und kohleproduzierende Länder die Ergebnisse des IPCC-Berichtes über die wachsende Instabilität des Klimas ab, obwohl dieser Bericht von über 2000 Wissenschaftlern aus aller Welt ausgearbeitet worden war (Gelbspan, S.119).

Die Blockadepolitik der Ölindustrie wird wohl nirgendwo so deutlich wie in den Klimaverhandlungen der letzten Jahre. Und wie lächerlich sie auch sein mag, sie ist äußerst wirkungsvoll, wenn man die Resultate der letzten 10 Jahre betrachtet.

Trotz aller Warnungen vor Umweltzerstörung durch verantwortungslosen Energieverbrauch; trotz aller politischen Absichtserklärungen und Beschlüsse auf nationaler und internationaler Ebene, ihn zu senken; trotz aller Fortschritte mit weniger energieintensiven Technologien und trotz der drohenden Erschöpfung der Ressourcen: Der Weltenergieverbrauch an fossilen Energien wächst weiter, und zwar schneller denn je zuvor.

Nach Daten der Internationalen Energie-Agentur (IEA) wird für den Zeitraum zwischen 1990 und 2010 eine Steigerung von 48 Prozent vorausgesagt, und bis zum Jahr 2020 von 77 Prozent gegenüber dem Jahr 1990 (IEA, 2000).

Der überwiegende Teil dieses Energieverbrauches wird nach dieser Prognose fossile Energien treffen, bei einem weltweit leicht steigenden Anteil der Atomenergie. Für erneuerbare Energien wird in 20 Jahren eine Verdoppelung von 1 auf 2 Prozent erwartet, aber da die IEA eine Einrichtung der OECD-Staaten ist und 1972 zum Schutz für eine „störungsfreie Ölversorgung" eingerichtet wurde, sind auch keine optimistischeren Schätzungen in Hinblick auf erneuerbare Energien zu erwarten.

Ohne erneuerbare Energien ist aber eine Verdoppelung der atmosphärischen CO_2-Konzentration wohl kaum zu vermeiden. Welche Konsequenzen der aktuelle CO_2-Ausstoß bereits heute hat, geht aus dem neusten Bericht der IPCC vom Februar 2001 hervor. Im nächsten Jahrhundert wird von einem Temperaturanstieg von 2°C bis 4°C ausgegangen und von einem Meeresspiegelanstieg bis zu 1m (IPCC 2001).

Chinesische Forscher prognostizieren bereits bei einem Meeresspiegelanstieg von 30 cm einen wirtschaftlichen Schaden in Milliardenhöhe (Gelbspan: 112), denn rund die Hälfte der chinesischen Städte liegen in Küstenregionen und 40 Prozent der 1,2 Milliarden Einwohner Chinas leben gerade dort. China hat bereits 1996 in seinem damals veröffentlichten Weißbuch an die Industriestaaten appelliert, China zu helfen, die Abhängigkeiten von fossilen Energien zu verringern.

Den chinesischen Umweltbehörden zufolge hat sich nämlich die Zahl der Todesfälle durch Lungenkrebs von 1994 auf 1995 drastisch erhöht, da die Schadstoffbelastungen in der Luft immer eklatanter werden. Für China gibt es zwar noch keine internationalen Verpflichtungen, seine CO_2-Emissionen zu reduzieren, so das Umweltamt, doch habe sich die Volksrepublik freiwillig dafür entschieden, ihre Emissionen bis zum Jahr 2000 auf den Stand von 1995 zu senken, aus Verantwortung für den Schutz des Weltklimas (China,1996). Interessanterweise gibt es aber auch in anderen Entwicklungsländern bereits heute Initiativen in Richtung erneuerbarer Energien, obwohl diese nicht unter Druck internationaler Abkommen stehen.

Die gewaltigen Unterschiede zwischen Nord und Süd in den wirtschaftlichen Lasten und Prioritäten haben nicht nur zum Stillstand auf diplomatischer Ebene geführt. Sie sind der Keil, der zwischen die Entwicklungsländer von jenen getrieben wird, denen am meisten am Scheitern der Verhandlungen liegt.

Um zu verstehen, welche Mittel bei diesem Machtkampf eingesetzt werden, gehe ich zunächst auf den Nord-Südkonflikt ein, der auch als Konsequenz der westlichen Energiepolitik beschrieben wird.

Die Folgen dieser Energiepolitik zeigen sich in den Krisenregionen im Nahen Osten, Afrika, Asien und Südamerika, Länder, die indirekt aufgrund ihres Ressourcenreichtums in Kriege gegen ein und dieselbe Macht verstrikt sind, die internationalen Energiekonzerne.

5.4. Der drohende Kollaps

Trotz zunehmender Erforschung haben sich die bekannten Erdölreserven in den letzten 25 Jahren nicht merklich vermehrt, obwohl einige Staaten ihre offiziellen Bestandsausgaben erhöht haben, um einen größeren Anteil an den von der OPEC festgesetzten Produktionsquoten zu erreichen *(Wold Watch Institut, 1999, S. 52)*.

Der Konzern BP Amoco beziffert die weltweiten Erdölreserven mit 1,033 Billionen Barrel zum Jahresende 1999 *(BP Amoco)*.

Da schon circa 800 Milliarden Barrel Erdöl gefördert worden sind, können wir davon ausgehen, dass schon bald die Hälfte der gesamten Erdölreserven verbraucht sind. Nach der Studie von BP werden täglich circa 73 Millionen Barrel Öl verbraucht, was auf eine Restlaufzeit von circa 37 Jahren schließen lässt. Das Problem liegt nicht nur im ungeheuren Ausmaß des gegenwärtigen Erdöl- und Ergasverbrauches, sondern dem wachsenden Bedarf Chinas, Indiens und der übrigen Entwicklungsländer.

Heute verbraucht die USA gleich viel Öl wie Afrika und Asien mit dem ganzen pazifischen Raum zusammen. Würde der Verbrauch in China und Indien diese Ausmaße annehmen, wie es derzeit in den Industrieländern der Fall ist, müsste die heutige Erdölförderung verdreifacht werden, wobei sie sich bereits seit über 10 Jahren auf dem selben Niveau befindet. Für Erdgas schätzt BP in seinem Statistical Review die Reserven auf 144,7 Billionen m^3. Daraus ergibt sich, dass bei gleichbleibender Jahresförderung von 2,3 Billionen m^3 die Reserven nach 57 bis 65 Jahren erschöpft wären. Aber gerade beim Gasverbrauch gibt es die größten jährlichen Steigerungsraten, so dass die Reserven sogar vor dem Jahr 2040 erschöpft sein könnten.

Bevor uns aber die fossilen Brennstoffe ausgehen, könnten uns allerdings die Umweltschäden und die Gesundheitsbelastungen, die durch die Verbrennung fossiler Rohstoffe verursacht werden, zu einem saubereren Energiesystem zwingen. Die Verbrennung fossiler Brennstoffe hat seit dem Beginn der Industrialisierung die Konzentration von Kohlenmonoxid in der Atmosphäre um 30 Prozent erhöht. Die CO2 Werte sind heute auf dem höchsten Stand seit 160.000 Jahren angelangt, und die globalen Durchschnittstemperaturen sind die höchsten seit dem Mittelalter (Scheer 1999, S.101).

Jeden Tag erreichen uns neue Hiobsbotschaften: zurückweichende Gletschergrenzen, Anstieg der Meeresoberfläche, absterbende Korallenriffe, Ozonloch, El Niño, schwere Stürme und Epidemien in Afrika und Nord-, Zentral- und Südamerika und tödliche Hitzewellen in den USA, in Südeuropa und Indien. Die Katastrophenmeldungen scheinen nicht mehr abreißen zu wollen, aber trotzdem geht die Verbrennung fossiler Energieträger unvermindert weiter. Selbst bei der Annahme der optimistischsten Prognosen wird es bereits viel früher zum Kollaps kommen, denn sobald die physische Verfügbarkeitsgrenze von fossilen Ressourcen in unmittelbare Nähe rückt, ist ein wirtschaftliches Chaos vorprogrammiert.

Durch die beiden Golfkriege kam es bereits zu drastischen Preiserhöhungen, obwohl sich in der Realität an der Erdölversorgung nichts geändert hatte. Beides mal war es nur zu „theoretischen" Verknappungsszenarien gekommen und die Welt reagierte bereits mit hysterischen Hamsterkäufen. Zudem kam es beim Zweiten Golfkrieg zu einem Zusammenbruch der internationalen Finanzmärkte und das, obwohl es sich „nur um einen Krieg" handelte, der bereits im Vornherein entschieden war. Die Krise, die eine reale Ressourcenverknappung auslösen würde, ist wohl kaum vorherzusehen.

Auf jedem Fall wird sie nicht nur diejenigen Länder treffen, die sich höhere Energiepreise auf keinen Fall leisten können, also in erster Linie jene der dritten Welt. Sie wird auch die Industriestaaten treffen, deren Wirtschaftsgefüge bereits heute auf jede minimale Preisänderung der Erdöles reagiert. Verschiedene Tatsachen sprechen heute klar für eine schnellere Ressourcenverknappung, als es immer noch verschiedene recht optimistische Prognosen tun. So wird die Weltbevölkerung bis zum Jahr 2010 auf über 8 Milliarden anwachsen. Außerdem wird eine Verstädterung in fast allen Teilen der Erde eintreten. 75 Prozent der Nordamerikaner lebten 1990 in Städten. Bis 2025 sollen es voraussichtlich 80

Prozent sein. In Westeuropa wird für denselben Zeitraum eine Steigerung von 80 Prozent auf 85 Prozent erwartet, in Osteuropa von 65 Prozent auf 75 Prozent, in Lateinamerika von 70 Prozent auf 84 Prozent, in Afrika von 33 Prozent auf 55 Prozent, in China von 32 auf 52 Prozent und in Süd- und Südostasien von 28 Prozent auf 48 Prozent, stets verbunden mit der gewollten Industrialisierung der genannten Länder. Verstädterung bedeutet immer auch eine massive Steigerung des Energie- und Ressourcenverbrauches (Scheer, *1999, S. 106).*

Da die Erschöpfung der konventionellen Öl- und Gasreserven wahrscheinlich zwischen 2030 bis 2040 erreicht sein wird, beschreibt Hermann Scheer diesen Zeitpunkt mit düsteren Worten: „ Die Menschheit wird einen historischen beispiellosen Existenzkampf führen. Und ihn verlieren, wenn die fossile Weltwirtschaft ihre Verbrauchsorgien bis zum Äußersten treibt. Wenn die Menschheit an diese Kreuzungspunkte zwischen Verfügbarkeit und Bedarf getrieben wird, droht der brutalste militärische Konflikt seit Menschengedenken – der Weltkonflikt überhaupt (Scheer, *1999,S. 106).*

Unverkennbar ist in diesem Zusammenhang die atomare Aufrüstung beispielsweise im islamisch – indischen Raum. Immer mehr Länder versuchen ihre atomare Aufrüstung zu beschleunigen, denn sind sie einmal Atommacht, so wird die amerikanische Supermacht mit ihnen nicht mehr so umspringen können, wie mit dem Irak. Diese Überlegungen erklären auch die iranischen Atomwaffenpläne.

Ähnlich verhält es sich bei der indischen und pakistanischen atomaren Rüstungsanstrengung, die zu den Atomtests von 1998 führte, obwohl hier zusätzlich der indisch – pakistanische Konflikt einwirkte. Chinesische Politiker begründen ihr Festhalten an Atomwaffen damit, bei ihrem rapide wachsenden Bedarf an Importressourcen eine Position der Stärke anzustreben *(Scheer, 1999,S. 115).*

Auch bei den Nato-Osterweiterung spielen die Ressourcen eine erhebliche Rolle. Länder wie Aserbaidschan, Kasachstan, Turkmenistan, Kirgistan, Usbekistan und Tadschikistan werden bereits als NATO-Kooperationsländer betrachtet, obwohl keines von ihnen demokratisch regiert wird. Das einzige Motiv für die Nato sind die Ressourcen dieser Länder, die unter militärischem Schutz der Nato in den Westen geliefert werden sollen.

Auch die Türkei wird als strategisch äußerst wichtig angesehen, denn die Ressourcen um das Kaspische Meer gelangen vielfach an der Türkei vorbei auf die Weltmeere.

Zu welchen strategischen „Ressourcenallianzen" es auch immer kommen mag, Tatsache ist, dass zur Zeit weltweit ein massiver Wettlauf im Gange ist, um sich die Ressourcen für die nächsten Jahrzehnte zu sichern. Die Frage ist nur, mit welchen Mitteln dieser Ansturm auf die letzten Ressourcen betrieben werden wird. Wenn man den Golfkrieg als Maßstab nimmt, wo die Kriegskosten allein circa 100 Milliarden US-Dollar betragen haben, dann kann man sich in etwa vorstellen, mit welchem Einsatz der Krieg um die letzten Ressourcen betrieben werden wird *(Kronberger, 1998,S. 124)*.

Die Folgen der westlichen Energiepolitik sind mittlerweile weltweit spürbar.Ein Ende dieser katastrophalen Politik lässt sich aber noch nirgends erkennen. Im Gegenteil geht die Überschüttung der Weltmärkte mit fossilen und atomaren Ressourcen unvermindert weiter und hat heute ein erschreckendes Ausmaß erreicht, dessen Folgen noch nicht abzusehen sind.

Tab.2

Gesamtenergieverbrauch in Mrd. Toe Rohöleinheiten 1999	
USA	2204
CHINA	752,6
GUS	607,8
JAPAN	507,4
DEUTSCHLAND	330,9
FRANKREICH	252,4
GROSSBRITANIEN	222,4
INDIEN	276,4
MEXIKO	124,6
ITALIEN	165,8
POLEN	92,6
ÖSTERREICH	26,3
SÜDAFRIKA	107,7
ARGENTINIEN	57
ALGERIEN	29,2
ÄGYPTEN	42,7

Quelle: Eigene Berechnung anhand BP, Statistical Review 199

6. Das Verdrängen erneuerbarer Energien aus dem Markt

6.1. Erschöpfbare Ressourcen zu Schleuderpreisen

Die Frage, die sich in diesem Zusammenhang stellt, lautet: Wie lassen sich fallende Energiepreise mit der begrenzten Verfügbarkeit fossiler Rohstoffe vereinen?

Wenn wir der Tabelle Glauben schenken, so sind die Erdölpreise seit 1980 in einem Abwärtstrend und das obwohl sich der Weltenergieverbrauch um etwa 30 Prozent erhöht hat. Der Grund für diesen Preisverfall liegt wohl bei der Strategie der OECD, die seit 1973 eine aggressive Angebotspolitik verfolgt.

Als die Ölkonzerne in den ölproduzierenden Ländern verstaatlicht wurden und die OPEC die Regie bei der Preis- und Angebotsregulierung auf den internationalen Energiemärkten übernahm, reagierte die OECD mit einer gemeinsamen Strategie gegen diese neue Entwicklung auf den Energiemärkten. Zu diesem Zweck wurde im Februar 1976 auf einer OECD-Konferenz in Washington die International Energy Agency (IEA) ins Leben gerufen. Das strategische Ziel der IEA bestand in der „gemeinsamen Bewältigung von störungsfreier Ölversorgung", was nichts anderes heißt, als das Angebot an konventionellen Energieträgern Öl, Gas, Kohle und Atomenergie zu steigern, was in der Tat mit großem Erfolg verwirklicht wurde. (Massarrat, 1998, S. 79)

Im Einzelnen konzentrierte sich die Strategie der OECD auf folgende Punkte:
1. Zügiger Ausbau der Atomenergie und Steigerung der Kohleproduktion in den OECD Staaten.
2. Großzügige technologische Unterstützung der Öl-, Gas- und Kohleförderung in allen Weltregionen außerhalb der OPEC, wo diese Energieressourcen vermutet wurden. Hinzu gehörte auch die technologische Weiterentwicklung der offshore – Bohrungen und Produktion.
3. Erstellung von umfangreichen Subventionsprogrammen durch nationale und multinationale Kreditinstitutionen einschließlich der Weltbank, um das Angebot an konventionellen Primärenergien und dar-

über hinaus auch der Elektrizitätserzeugung durch Großstaudammprojekte, ungeachtet der ökologischen und sozialen Folgen dieser Projekte, zu erhöhen.
4. Schwächung der OPEC, wo immer sich Möglichkeiten dazu ergaben: Durch Einsatz ökonomischer und politischer Hebel, um die OPEC-Instrumente der Mengen- und Preisregulierung zu desfunktionieren und schließlich auch militärische Interventionen, um Entwicklungen, insbesondere in der Region des Persischen Golfes, zu verhindern, die zu einer Radikalisierung der OPEC-Politik führen könnten *(Massarrat, 1998,S. 80)*.

Tab. 3

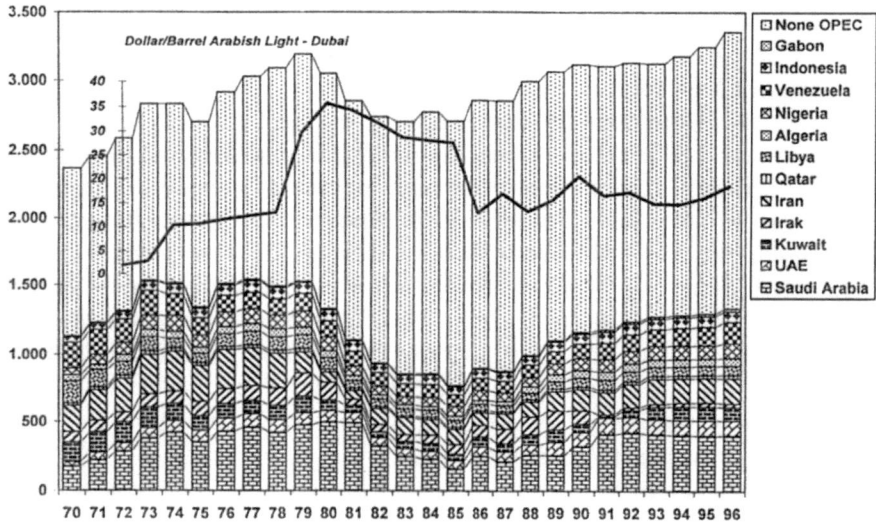

Quelle: Berechnung und Darstellung durch Götz Renger auf der Basis der Daten von der Bundesanstalt für Geowissenschaften und Rohstoffe, Hannover, 1998; British Petroleum Statistical Review, 1997.

Tab. 4: Weltenergieverbrauch nach Energieträgern (in Mio. Tonnen Öläquivalent)

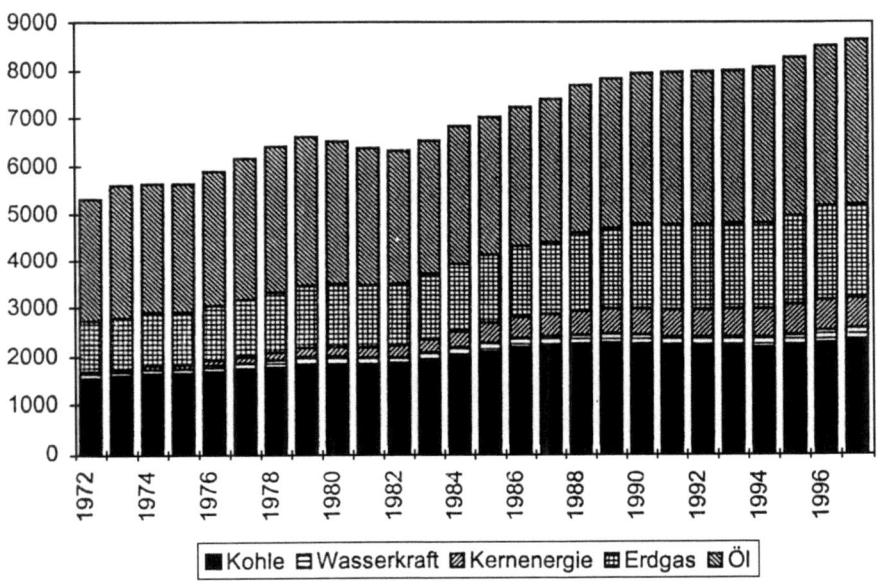

Quelle: British Petroleum, 1998: 39

Wie man anhand der Tabelle 3 erkennen kann, hat die Strategie der IEA in den nächsten Jahren bereits Früchte getragen. Die Kohleweltproduktion wurde von 1630 (1972) auf 2103,5 Millionen Tonnen Öläquivalent (1999) also um 30 Prozent angehoben.

Die Energie aus Wasserkrafterzeugung wurde im selben Zeitraum mehr als verdoppelt, die aber mit 226 Millionen Tonnen (1999) Öläquivalent kaum ins Gewicht fällt. Die Erdgasversorgung wurde von 1045 (1978) auf 2063,9 Millionen Tonnen Öläquivalent (1999) angehoben, was eine Steigerung von 100 Prozent bedeutet.

Den massivsten Ausbau erlebte aber die Atomenergieversorgung, deren Anteil von 38,4 (1972) auf 650,8 Millionen Tonnen Öläquivalent erhöht wurde. Es gab eine Steigerung von 1692 Prozent, trotz aller ungelösten Probleme, die die Kernspaltung mit sich bringt. Diese Ausdehnung der Energieerzeugung aus Kohle, Gas, Atomkraft und Wasserkraft deckte den gestiegenen Energiebedarf weitgehend ab, während der Anteil des Öls an der Weltenergieversorgung von 47 Prozent (1972) auf circa 40 Prozent (1999) reduziert wurde. Die Verlierer dieser Politik waren auf jeden Fall die OPEC, denn die zusätzliche Förderung wurde hauptsächlich auf Nicht-OPEC-Ländern von insgesamt 13 Millionen Tonnen (1972), darunter Kanada 89,8, Mexiko 24,8, Norwegen 1,6, Großbritannien 0,1 und Ägypten 17,6, auf insgesamt 614 Millionen Tonnen Öläquivalent angehoben, darunter Kanada 120,3, Mexiko 166,1, Norwegen 149,1, Großbritannien 137,1 und Ägypten 41,4, obwohl die Förderung in diesen Ländern aufgrund der schwierigen „offshore" Bedingungen und trotz unabsehbarer Folgen für die Umwelt und der Weltmeere bedeutend komplizierter war.

Diese vergleichsweise teureren Produktionsstandorte konnten aber dennoch zu ökonomisch rentablen Standorten aufrücken, indem man diese Produktionsorte massiv subventionierte.

Tab. 5

Direkte Subventionen	Einzelstaaten	EU	OECD-Westeuropa
Fossile Brennstoffe	9681,1	531,2	10246,7
Atomenergie	4177,8	428,3	4674,8
Erneuerbare Energien	1247,0	131,3	1488,1
Energieeinsparung	2944,1	144,9	3205,8
Elektrizität	254,3	100,7	384,4
Summe	18304,3	1338,4	19999,8

Quelle: Greenpeace, 1997: S.i

6.2. Subventionierung fossiler und atomarer Energieträger auf Kosten erneuerbarer Energienutzung

Greenpeace hat in seiner 1997 veröffentlichten Studie alle direkten staatlichen Subventionen (Forschung, Entwicklung und Marktunterstützung) für die EU erfasst.

Die durchschnittlichen jährlichen Subventionen betrugen 1985 9,68 Milliarden Dollar für fossile Brennstoffe, 4,17 Milliarden Dollar für Atomenergie und 1,24 Milliarden Dollar für erneuerbare Energien. Dieselbe Studie beziffert die Gesamtsubventionen für Kohle, Erdgas und Öl auf insgesamt 7.881 Milliarden Dollar für die Jahre 1978 bis 1995. Für die Nuklearenergie wurde der unglaubliche Betrag von 41.269 Milliarden US-Dollar ausgegeben. Erneuerbare Energien und Energieeinsparungen wurden mit 13.505 Milliarden Dollar subventioniert. Nicht berücksichtigt wurden in diesen Studien die zahlreichen indirekten Subventionen wie Treibstoffsteuerbefreiung für den zivilen Luftfahrtverkehr, die gemessen an den durchschnittlichen Treibstoffsteuersätzen für den Straßenverkehr, bei weit über 100 Milliarden Dollar jährlich liegen dürften (Scheer, *1999, S. 153).*

Zu diesen versteckten Subventionen müssen auch Folgeschäden z.B. aus Atomunfällen gerechnet werden. Beispielsweise beziffert man die Schäden für den GAU in Tschernobyl mit 350 Milliarden Dollar *(Ebd., 153).*

Dazu kommen Subventionen für polizeiliche Kosten für atomare Sicherheit und jene für die militärische Sicherung der Ölquellen, die die amerikanische Organisation Citizen Action allein für die USA mit jährlich 57 Milliarden Dollar veranschlagt *(Ebd.9, 154).*

Für die weltweiten Subventionen der Energieproduktion gibt es verschiedene Schätzungen, die von 210 Milliarden Dollar bis 350 Milliarden US-Dollar im Jahr reichen *(Massarrat, 1998, S. 84).*

Diese Subventionierung der weltweiten Produktion der fossilen und nuklearen Energien durch die OECD-Staaten hat, wie oben dargelegt, den strategischen Zweck einer „störungsfreien Energieversorgung", wie die IEA dies 1972 bei ihrer Gründung verfolgt, auch erreicht. Was durch diese Subventionen zusätzlich erreicht wurde, ist ein überschüssiges Energieangebot auf den Weltmärkten, obwohl es sich um begrenzt verfügbare Ressourcen handelt. Durch ein relatives Überangebot im Verhältnis zu den Gesamtressourcen kommt es, solange das Überangebot aufrecht erhalten werden kann, zu einem Preisverfall der fossilen Weltvorräte. Die Voraussetzung dafür ist, dass sich der große Teil der Ölanbieter zu dieser Überproduktion ermutigen lässt.

Die OECD-Staaten sind auf jeden Fall die großen Gewinner dieser Strategie. Verlierer sind die Umwelt, die zukünftigen Generationen und die fossilen Energieträger produzierender Staaten des Südens.

Innerhalb der ölproduzierenden Länder gibt es zwei Gruppen, die sich aufgrund ihrer pro Kopf Ölvorräte und durch gravierende Unterschiede der Produktivität der Standorte und Produktionskosten voneinander unterscheiden.

Saudi Arabien, Kuwait und die Vereinigten Arabischen Emirate verfügen zusammen über 44,6 Prozent der Weltölvorräte *(Bpamoco, 1999)*.

Diese drei Staaten sind mit 22,47 Millionen Einwohnern bevölkerungsarm und verfügen deshalb über eine ungleich hohe pro Kopf Ölreserve.

Staaten wie der Iran, Irak, Libyen, Algerien, Nigeria, Venezuela und Indonesien zählen 452 Millionen Einwohner und verfügen über 32 Prozent der Weltvorräte.

Tab. 6: Ungleiche Verteilung der Ölvorräte der OPEC

	Saudi Arabien, Kuwait und VAE	Andere OPEC-Staaten
Ölreserven in Mrd.Tonnen	61,99	46,42
Bevölkerung in Mio.	22,467	451,914
Pro-Kopf Ölreserven in Mio. Tonnen	2759,1	102,92

Diese unterschiedliche Ressourcenausstattung beider Ländergruppen bedeutet unterschiedliche Handlungsoptionen innerhalb der OPEC. Die erste Gruppe kann durch die hohe natürliche Produktivität und die niedrigen Produktionskosten, die unterhalb der 4 US-Dollar/Barrel liegen, nahezu beliebig die Öleinnahmen steuern (vgl. dazu Tab. 7).

Nicht offen steht diese Option den übrigen Ländern, auf denen höhere Produktionskosten lasten und somit die Verlierer dieser Dumpingpreispolitik sind.

Bei einem niedrigen Preisniveau (Kuwait, VAE, Saudi Arabien) kann man die Produktion anheben und umgekehrt. Die zweite Ländergruppe stößt dagegen schnell an die Grenzen einer solchen Mengenregulierung.

Aufgrund der Erschöpfbarkeit der Ölressourcen legt das Nutzenmaximierungsprinzip allen Ölanbietern weltweit die Option nahe, ihre Förderung so niedrig wie möglich zu halten, um höhere Preise und eine lange Lebensdauer der Ressourcen zu erreichen. Diesem Prinzip folgten auch die Gesamtheit der OPEC-Staaten bis in die achtziger Jahre. In den darauffolgenden Jahren scherten die VAE, Kuwait und Saudi Arabien aus der Politik der OPEC immer offensichtlicher aus. Durch dieses Ausscheren vertraten sie ihre kurzfristigen Interessen, was bis heute einen entscheidenden Anteil an den sinkenden Ölpreisen hat.

Tab. 7: Produktionskosten der sicheren Ölvorräte der Welt nach Regionen und Kostengruppen (geschätzt)

Produktions-Kosten $(1983)/Barrel	0-4	4-12	12-20	20-30	<30	Gesamt Mrd.Tonnen
Mittlerer Osten	54,5	19,6	11,6	3,6	----	89,3
Lateinamerika	2,9	5,9	5,9	2,9	----	17,6
Nordamerika	--------	1,8	1,8	0,8	0,9	5,3
Asien, Pazifik	--------	1,5	3,2	1,5	----	-----
Afrika	2,2	2,2	1,2	1,1	1,1	7,8
Übrige Welt	0,7	3,6	3,2	2,3	0,8	10,6
Gesamt: Mrd. Tonnen	60,3	34,6	26,9	12,2	2,8	136,8

Quelle: Berechnungen v.Massarrat nach: P.C. Desprairies, X. Boy de la Tour and J.J. Lacour, 1985:522; British Petroleum Statistical Review.1990.

Aufgrund ihrer Ressourcenausstattung konnte diese Ländergruppe auch von den relativ niedrigen Ölpreisen profitieren und enorme Einnahmen erzielen.

Diese hohen Exporteinnahmen wurden an den internationalen Finanzmärkten investiert, was diese drei Staaten nicht nur zu Eigentümern von Ölressourcen im Süden, sondern gleichzeitig auch Kapitaleigner im Norden macht.

In dieser Doppelfunktion vertreten sie nun gegensätzliche Interessen: Zum einen sind sie an einem hohen Wachstum in den Industrieländern interessiert und zum anderen an hohen Ölpreisen. In dieser Doppelfunktion als Ölanbieter im Süden und Kapitalbesitzer im Norden verletzen sie die Nutzenmaximierungsprinzipien aller übrigen Ölanbieter.

Dass es aufgrund dieser verschiedenen Förderungspolitik innerhalb der OPEC zu Differenzen kommt, wirkt sich wiederum besonders positiv auf die Interessen der OECD-Länder aus, die ja an einer Uneinigkeit innerhalb der OPEC interessiert sind. Die OECD-Staaten erzielen dadurch eine doppelten Vorteil: Zum einen haben sie die Möglichkeit, die Energiekosten insgesamt niedrig zu halten und zum anderen profitieren sie vom Zustrom des überflüssigen Kapitals dieser drei Förderländer, um damit den Kapitaltransfer in den Norden weiter aufrecht zu erhalten. Wie hoch die Gewinne dieser Energiepreispolitik der OECD-Länder sind, lässt sich relativ einfach anhand der folgenden Tabelle darstellen:

Wenn man die Preisentwicklung für Erdöl von 1980 bis 1999 betrachtet, lässt sich ein Durchschnittspreis von 20,55 US-Dollar/Barrel berechnen.

Wenn wir den Knappheitspreis[1], den Mohssen Massarrat in seiner Berechnung verwendet (*Massarrat, 1998*), von 35,7 US-Dollar/Barrel als Grundlage nehmen, so kommen wir 1999 auf einen Gewinn der OECD-Staaten von 717 Milliarden Dollar. Bei diesen gigantischen Gewinnen sind die Subventionen ein äußerst lukratives Geschäft. Dagegen verlieren die OPEC-Staaten bei der selben Preisdifferenz allein 1996 ca.130 Milliarden Dollar. Dieses einfache Rechenbeispiel verdeutlicht, weshalb die OECD-Staaten nach wir vor fossile Energieträger subventionieren und nicht die regenerativen Energiequellen, aber dass damit die Gesetze der freien Marktwirtschaft schon von vornherein ausgeschaltet werden, wird unmissverständlich klar, obwohl gerade die Verfechter der fossilen Energielobby immer wieder auf die Gesetze des freien Marktes pochen, wenn sie Argumente gegen erneuerbare Energien einbringen.

Ökonomisch und ökologisch Leidtragende dieser kurzfristigen Wohlstandseffekte der OECD –Staaten sind die künftigen Generationen.Es gibt allerdings auch ökonomische Verlierer in der Gegenwart, nämlich alle energieexportierenden Länder des Südens, die für ihre Energieexporte weniger Einnahmen erzielen, als wenn die realen Gesetze der freien Marktwirtschaft zur Anwendung kämen.

Das Ungleichgewicht, das durch diese Marktverzerrung zu Stande kommt, wirkt sich besonders negativ auf die Entwicklung erneuerbarer Energien aus, deren Wirtschaftlichkeit durch diese Dumpingpreispolitik untergraben und eine breite Markteinführung auf Kosten der Natur und einer nachhaltigen Energiepolitik weiter hinausgezögert wird.

---

[1] Preis, der sich aus dem Gleichgewicht zwischen Angebot und Nachfrage ergibt, ohne dass es zu Subventionen für die verschiedenen Energieträger kommen würde.

Tab.8

Jahr	Durch-schnittlicher Knappheits-preis $/Barrel Öläquivalent	Aktueller Ölpreis Nominal Arabian light $/Barrel	Preisdiffe-renz US-$/Barrel (1-2)	Energiever-brauch Der OECD in Mrd.Barrel Öläquivalent	Energie-Kosten-Einsparungen OECD Mrd.$ (3*4)	Gas –und Ölexporte OPEC Mrd. Barrel Öläquivalent	Verluste der OPEC in Mrd.US-$ (3*6)
	1	2	3	4	5	6	7
1976	35,7	11,6	24,1	26,618	641,494	10,0049	241,118
1978	35,7	13,0	22,7	27,748	629,880	9,5639	217,098
1980	35,7	35,7	0,0	27,490	-------	8,3943	-------
1982	35,7	31,8	3,9	26,039	101,552	5,2965	20,656
1984	35,7	28,0	7,7	27,033	208,154	4,5466	35,008
1986	35,7	13,0	22,7	27,638	627,383	4,8819	110,819
1988	35,7	13,2	22,5	29,397	661,432	5,1243	115,296
1990	35,7	15,7	20,0	29,511	590,220	6,2792	125,584
1992	35,7	17,2	18,5	30,258	559,773	6,8113	126,009
1994	35,7	14,8	20,9	32,006	668,925	7,0329	146,987
1996	35,7	18,6	17,1	38,823	578,373	7,2052	123,208

Quelle: Berechnungen von Mohssen Massarrat auf der Basis statistischer Angaben von British Petroleum Statistical Review, versch. Jahrgänge. OPEC Annual Statistical Bulletin, 1996

7. Chancen einer solaren Energiewirtschaft

7.1. Der Vergleich fossiler und regenerativer Energiequellen

Wenn fossile mit solaren Ressourcen verglichen werden, so hält man Preisvorteile und Potentiale stets den fossilen Ressourcen zugute, den erneuerbaren Energien „allein" ihre Umweltverträglichkeit. Da diese Preisvorteile aber meistens nur durch die im ersten Teil erläuterten Subventionen und auf Kosten der Natur und der Rohstoffländer zustande kommen, erfordert die Bewertung der erneuerbaren bzw. fossilen Energieträger eine systematische Betrachtung der unterschiedlichen Ressourcenketten.

Dass sich aus den verschiedenen Ressourcen zwangsläufig auch unterschiedliche wirtschaftliche Strukturen und Zivilisationsentwicklungen ergeben, wird in den meisten Vergleichen nicht berücksichtigt. Erst wenn man die jeweiligen Ressourcenketten - von den Primärressourcen bis zu den Endverbrauchern – zusammenhängend bewertet, offenbart sich eine neue Sichtweise, die die Vor- und Nachteile der verschiedenen Ressourcen viel umfassender und klarer und auf jeden Fall unter neuen Vorzeichen erscheinen lassen.

Es darf nicht eine Bewertung des jeweiligen Endprodukts, Energie aus erneuerbaren oder fossilen Energiequellen, erfolgen, sondern es muss der Weg (Kette) vom Rohöl zum Energieendverbraucher und von der solaren Kraftanlage zum Endkunden unter die Lupe genommen werden, um einen Gesamteindruck von der jeweiligen Energiebereitstellung zu bekommen und diese zu bewerten. Erst diese Kette (Energiebereitstellungskette) offenbart die grundlegenden Vor- und Nachteile dieser oder jener Energienutzung und läßt, sofern ein direkter Vergleich zwischen den solaren und fossilen Energieträgern überhaupt möglich ist, eine Gegenüberstellung erst zu.

Der wesentliche Unterschied zwischen fossilen und solaren Ressourcen besteht darin, dass fossile Rohstoffe nur an wenigen Plätzen der Erde vorgefunden werden, regenerative jedoch mehr oder weniger intensiv überall auf der Welt verfügbar sind. Wer also die Möglichkeit der solaren Energiequellen verstehen und nutzen will, muss sich zuerst damit auseinandersetzen, welche politischen, sozialen und kulturellen Vorteile diese globale Verfügbarkeit erneuerbarer Energieträger mit sich bringen, und welche Konsequenzen sich hinter der Konzentration fossiler Primärenergien auf einige wenige Standorte verbergen.

7.2. Die fossile Ressourcenkette

Es war die ständig steigende Befriedigung an fossilen Ressourcen zu extrem niedrigen Kosten, die den Automatismus der Globalisierung aller wirtschaftlicher Prozesse in Gang setzte.

Die örtlich begrenzten Ressourcenvorkommen haben zu einer Vernetzung und Erschließung der ganzen Welt geführt, ohne jedoch die Folgen für die Umwelt und die Menschen in den Abbaugebieten zu beachten. Die kostspielige Suche nach immer
neuen Fundstätten mit zahllosen geologischen Untersuchungen und Probebohrungen ermöglicht heute den Zugang zu den Ressourcen nur noch für solche Unternehmen, die mit hoher Kapitalkraft ausgestattet sind. Gleiches gilt für die Bereitstellung hochmoderner Fördertechniken, den Ausbau der Pipelines, den Einsatz großer Transportkapazitäten und schließlich den Aufbau von Raffinerien und Speicherstätten. Dieser große Kapitalaufwand führte zur Bildung von Unternehmensverbünden zwischen Ressourcenlieferanten und den Betreibern großer industrieller Umwandlungsanlagen.

Es drängte sich also automatisch das Bedürfnis nach riesigen Konzernen auf, die die ganze Kette von der Ressourcensuche bis zur Umwandlung und Verteilung der Energie in einer Hand halten oder zumindest kontrollieren. Dieser Konzentrationszwang ließ die Ölmultis entstehen, die von der Suche nach neuen Ölfeldern bis zur Führung von Tankstellen alles unter einem Konzern vereinen. Die Ölmultis – die berühmten „sieben Schwestern" (Sampson, 1976,S.304) wurden zum Vorbild der „Konzerne des 20. Jahrhunderts".

Aus dem Versuch diese Monopolstellung zu brechen und die Förderländer zu schützen, entstand die OPEC, die zwar immer wieder faire Ressourcenpreise durchzusetzen versuchte, aber nahezu beliebig von den Ölmultis gegeneinander ausgespielt werden konnte. Aber nicht nur die Interessen der Förderländer wurden durch diese „Monopolstellung" der

Ölkonzerne übergangen, sondern auch kleine unabhängige Stromproduzenten kamen unter deren Räder.

Durch diese Monopolstellung konnten diese Konzerne dezentrale Stromproduzenten, wie etwa die Betreiber von Wasserkraftanlagen und Windstromanlagen, die bereits am Anfang unseres Jahrhunderts in großer Zahl Strom produzierten, selbst dann ausschalten, wenn dies mit Kostenrationalität nicht begründbar war (Scheer, 1993,S.52). Deren Strom wurde entweder gar nicht oder nur zu Preisen unterhalb der Kostendeckung abgenommen und damit einer dezentralen Energieversorgung von Anfang an der Wind aus den Segeln genommen. Der größte Handlungsvorteil entstand den Konzernen aber durch die politischen Privilegien, die ihnen zukamen, je höher der Stellenwert der Energieversorgung in der industriellen Gesellschaft stieg.

Die Stromkonzerne traten als Garanten einer gesicherten Energieversorgung und damit der Wirtschaftsstandorte auf, und so wurden die Stromwirtschaftsgesetze auf sie zugeschnitten. „Konzentration wurde zum Konzept der kapitalistisch – faschistisch – kommunistisch – sozialdemokratischen Regierungen und zum prinzipiellen Erfordernis der Industriegesellschaften aller Couleurs erklärt" (Hughes, S.1983).

Dieser Konzentrationsprozess erfuhr beispielsweise durch die Verstaatlichung der Stromwirtschaft in Frankreich (Edf) 1946, Italien (Enel) 1962 und durch die Gründung der österreichischen Verbundsgesellschaft zusätzlichen Antrieb.

Wenn Regierungen den Konzentrationsprozess nicht selbst durch Verstaatlichung und Energiegesetze vorantrieben, halfen die Stromkonzerne nach: Ihre Vertreter korrumpierten Kommunalpolitiker, damit diese ihre lokale Stromproduktion einstellten oder ihre Netze übergaben, wie es Lutz Urz anhand der Expansion des RWE Konzerns beschrieben hat (Urz/Osnowski, 1996).

Sie erpressten Kommunalverwaltungen, setzten Kleinproduzenten mit Stromleitungssperren und Sabotageanschlägen unter Druck, wie es Beruan und

O'Connor anhand vieler Beispiele in den USA darstellen (Beruan, O'Connor, 1996, S.65).

Obwohl heute überall über die Liberalisierung der Strommärkte diskutiert wird und das unter dem Vorwand einer freien Marktwirtschaft, so ist dieser Prozess organisierter Energie- und damit Machtkonzentration aber durch die laufende Liberalisierung noch keineswegs abgeschlossen.

Im Gegenteil wird dadurch die Machtkonzentration der Energiekonzerne über die einzelnen Länder hinaus weiter vorangetrieben.gab es gestern noch ein Staatsmonopol, so wird durch die Aufgabe der staatlichen Energieversorgungsunternehmen eine neue Ära internationaler Fusionen erst eingeleitet, was die Energiemärkte noch weiter monopolisiert und damit den Ausbau regenativer Energien weiter verzögern wird (Scheer, 1999,S.53ff).

7.3. Demonopolisierung durch solare Energienutzung

In der Tabelle 9 ist der Vergleich zwischen solaren und fossilen Energiebereitstellungsketten dargestellt, der besonders deutlich auf die Nachteile fossiler Energieträger durch den langen und teuren Umwandlungsprozess hinweist.

Neben den schwerwiegenden Umweltfolgen bei der Nutzung fossiler Energiequellen zeigt diese Darstellung, wie unsinnig es ist, Energieträger allein am Vergleich der Investitionskosten für Umwandlungsanlagen festzumachen. Diese verzerrte Darstellung fossiler Energieressourcen erklärt auch die Barrieren gegenüber erneuerbaren Energiequellen, da die Vorteile, die durch die kurze Energiebereitstellungskette für die Umwelt, Mensch und die Wirtschaft entstehen, nicht oder nur selten aufgezeigt werden. Besonders unterstreicht Hermann Scheer diese Vorteile, die aus kurzen Energiebereitstellungsketten entstehen.

Durch die kurze Energiebereitstellungskette ergibt sich die Chance, die Kosten für die Energie zu senken. Dadurch sind erneuerbare Energien durch die Verbesserung der
solaren Umwandlungstechniken und einer breiten Einführung nicht nur die umweltschonendste Möglichkeit der Energiebereitstellung, sondern auch die produktivste und damit die wirtschaftlichste (vgl. dazu Scheer, 1999, S.81f).

Voraussetzung dafür ist aber, dass erneuerbare Energien nicht als Teil der überkommenen Versorgungsstruktur konzipiert werden dürfen.

Die zentralisierten Großanlagen und der damit zusammenhängende Betrieb von Stromnetzen machen ungefähr die Hälfte der Energiekosten aus und sind damit in einer Energieversorgung mit solaren Ressourcen weder sinnvoll noch im heutigen Ausmaß notwendig. In der Einsparung dieser Faktoren liegt die größte Produktivitätschance von Strom aus erneuerbaren Energien.

Tab. 9

Photovoltaik	Windkraft	Biomasse	Erdöl	Steinkohle
		↓	↓	↓
		Anbau	Ölförderung	Bergbau
		↓	↓	↓
		Ernte	Transport	Veredelung
↓	↓	↓	↓	↓
		Nahtransport	Raffinerien	Transport
		↓	Speicherung	↓
		Pressung	↓	
		Gasifizierung		
		Pelletrierung		
		→Verwertung		
		der Rückstände		
		↓		
		Transport	Transport	
		→Tankstellen	→Tankstellen	
		↓	→Ölhändler	
			↓	Kohlekraftwerk
Pholtovol-	Windkraft-	Kraftwerk	Ölkraftwerk	→Entsorgung
taikanlage	anlage	↓	↓	der Kraftwerks-
→Endver-	→Endver-			rückstände
brauch im	brauch im In-		Stromtransport	↓
Inselbetrieb	selbetrieb		Hochspan-	Stromtransport
↓	↓		nungsebene	Hochspan-
		Stromtransport	↓	nungsebene
		Mittelspan-	Stromtransport	↓
		nungsebene	Mittelspan-	Stromtransport
	Stromtrans-	↓	nungsebene	Mittelspan-
	port		↓	nungsebene
	Mittelspan-			↓
	nungsebene	Verteilung	Verteilung	
Verteilung	↓		Niederspan-	Verteilung
	Verteilung		nungsebene	Niederspan-
				nungsebene

Quelle:Scheer 1999:83

Einsatzziel erneuerbarer Umwandlungstechniken sind hauptsächlich dezentrale Anlagen, die von Städten, Gemeinden und Privaten geführt werden.

Ein zweiter entscheidender Vorteil liegt in der relativ einfachen Technik zur Stromerzeugung. Wenn man die Arbeitsschritte zwischen solarer und fossiler Energieumwandlung zur Stromerzeugung vergleicht, dann bestehen diese bei einer Windkraftanlage in der Umwandlung des Windes in mechanische Energie mit Hilfe des Rotorenantriebes, durch die der elektrische Generator den Strom erzeugt.

Bei der Solarstromerzeugung wird das Sonnenlicht in der Solarzelle in Gleichstrom und dann mit Wechselrichtern in Wechselstrom umgewandelt. Die Energieumwandlung findet also in ein bis zwei Schritten statt und kann Vorort dem Endverbraucher bereitgestellt werden.

Bei den fossilen und atomaren Ressourcen wird der Brennstoff zunächst im Brennraum umgewandelt (bei der Atomenergie wird das Uran im Kernreaktor gespalten), um daraus Wärme zu gewinnen. Dazu kommen dann vier weitere Umwandlungsschritte: zunächst der thermodynamische zu Wasserdampf; dieser treibt die Turbine an, um mit deren mechanischer Energie schließlich den Strom im elektrischen Generator zu erzeugen. Parallel dazu muss die Anlage gekühlt werden. Bei Atomstrom kommt die Mülllagerung noch als undefinierbare Kostengröße hinzu.

Tab. 10

Sonnenlicht	Solarzelle............Wechselrichter		.............Strom
Windkraft	Rotor ....elektrischer Generator		................Strom
Fossile Brennstoffe	Brennraum ..... Wärme ..... Wasserdampf		
Turbineelektrischer Generator	Strom		
	Kühlung		
	Emissionsfilter		
	Mülllagerung		
	Entsorgung		
Atomare Brennstoffe			
Reaktor..... Wärme .... Wasserdampf ....Turbine.			
elektrischer Generator	Strom		
	Kühlung		
	Atommülllagerung		

Quelle: Hermann Scheer, Solare Weltwirtschaft

Warum die solare Energiegewinnung von Generationen von Wissenschaften und Techniken nicht als Alternative akzeptiert wurde und statt dessen weiter auf umständliche Techniken gesetzt wird, ja sogar noch nach komplexeren und kaum kontrollierbaren (Kernfusion) geforscht wird, lässt großen Zweifel an unserem politischen System aufkommen.

Hermann Scheer nennt die fossile Ressourcenwirtschaft eine Polypenwirtschaft, in der immer mehr Wirtschaftssektoren von den Energiekonzernen in den Würgegriff genommen werden und ein Fortschreiten in eine andere Richtung der Energieversorgung nahezu unmöglich gemacht wird.

Das Unglaubliche an dieser Tatsache ist aber, dass nicht nur Konzerne unter den Einfluß dieser Erdöllobby stehen, sondern bereits Regierungen verschiedener Industriestaaten zu Wasserträgern dieser Lobby verkommen sind, was sich an den nationalen und internationalen Klimaschutzkonferenzen besonders deutlich demonstrieren lässt. Nicht Länder aus der dritten Welt blockieren die Verhandlungen, sondern es sind immer wieder die Industriestaaten, allem voran die USA, Kanada, Japan und Australien, die die Verhandlungen verzögern und wie im November 2000 in den Haag zum Scheitern bringen. Aber auch in Ländern wie Frankreich, wo die Atomstromlobby besonders einflussreich ist, und natürlich von den OPEC-Ländern wird die fossile und atomare Energieerzeugung weiterhin umstandslos verteidigt und vorangetrieben.

8. Die Nutzung regenerativer Energien

8.1. Keine Erfindung unseres Jahrhunderts

Die Nutzung erneuerbarer Energien ist nicht eine Erfindung unserer Jahrzehnte, sondern sie reicht weit bis ins 19. Jahrhundert zurück. Bereits 1872 wurde eine Meerwasserentsalzungsanlage in Chile mit Sonnenkraft betrieben, 1913 eine 50 PS starke Wasserpumpe mit Sonnenantrieb in Ägypten installiert, die Nilwasser auf die Felder leitete. 120 Windstromanlagen liefen während des Ersten Weltkriegs in Dänemark, und in den 20er und 30er Jahren gab es in den USA einen Boom in der Herstellung von insgesamt 6 Millionen kleiner Anlagen. Auch in Deutschland erzeugte man bereits in den 30er Jahren Strom mit 3600 Windkraftanlagen (Hau 1989,S.22-34).

Obwohl diese Anlagen in der Folgezeit von der großen Kraftwerkskonkurrenz verdrängt wurden, weil diese billiger war, bzw. kontinuierlich Strom lieferte, so erfüllten alle diese Beispiele der Sonnenenergieversorgung aber bereits das entscheidende Kriterium, dass sie mehr Energie umwandelten als für ihre Herstellung erforderlich war (Scheer, 1993, S.53).

Zu einem neuerlichen Boom kam es anschließend an den ersten internationalen Sonnenenergie-Kongress bei der UNESCO in Paris, obwohl das Hauptmotiv für diese Entwicklungsprogramme für Sonnenenergie nicht die Umweltfrage, sondern die Ölkrise von 1973, die die dauerhafte Sicherung der Ölimporte in Frage stellte, war. 1977 wurde dann in den Pyrenäen das erste solarthermische Kraftwerk mit einer Leistung von 1 MW in Betrieb genommen, das den erzeugten Strom ins öffentliche Netz einspeiste (Palz,1978,S.116).

In den USA gab es in der zweiten Hälfte der 70er Jahre einen Entwicklungsboom. Es waren bereits 3300 solare Raumheizungssysteme geliefert, 63000 solare Warmwassersysteme und 35000 solarbeheizte Schwimmbecken. Ende 1978 gab es allein in Kalifornien 30.000 solarthermische Installationen (Stobaugh/Yergin, 1979, S.193).

1978 hatte „Le Group de Bellevue", eine Wissenschaftergruppe aus dem Centre National de la Recherche Scientifique (CNRS), dem Collège de France, der Electricitè de France (EDF) und dem Institut de la Recherche Agronomique (INRA) – eine Studie über die Energiezukunft Frankreichs veröffentlicht. In dieser Studie wurde bereits aufgezeigt, dass und mit welchen Techniken die gesamte Energieversorgung Frankreichs ausschließlich auf den Sonnenenergien aufgebaut werden könnte (Le Group de Bellevue).

Am Anfang der 80er Jahre gab es bereits in den meisten Industrieländern Programme zur Forschung und Entwicklung von Sonnenenergietechniken.

1981 fand in Nairobi die UNO-Konferenz über erneuerbare Energien statt, wo man das „Nairobi Programme of Action" beschloss.

Im selben Jahr noch startete der neugewählte französische Staatspräsident Mitterrand ein neues Sonnenenergie-Programm. Der Durchbruch solarer Energieumwandlung schien praktisch erfolgt, aber was folgte, waren Reduzierungen der Förderbudgets und eine Zeit politischen Abbruchs. Das Nairobi Programm wurde nicht umgesetzt und das neue französische Programm wurde 1986 auf Eis gelegt.

Hier drängt sich die Vermutung auf, dass die Ölkrise von 1973 den Anstoß für die Entwicklung erneuerbarer Energien gab, aber die Beruhigung der Ölmärkte auch wieder der Grund für die Vernachlässigung der Weiterentwicklung dieser solaren Energietechniken war.

Wenn wir den Ölmarkt von 1970 bis 1985 beobachten, dann kann man feststellen, dass es 1973/74 und 1980 zu Ölpreissprüngen kam. In diesen Jahren begann die OPEC die Reduzierung von Produktionsmengen zu erzielen, was den Erdölpreis drastisch in die Höhe trieb. Genau zu dieser Zeit kam es zum ersten internationalen Sonnenenergie-Kongress bei der UNESCO in Paris. Als es dann in den Jahren 1979/80 im Zuge der Islamischen Revolution im Iran erneut zu drastischen Ölpreisanhebungen kommt, findet 1981 in Nairobi die vorher genannte UNO-Konferenz über erneuerbarer Energien statt.

Als die OPEC 1973 die Erdölförderung drosselte, wurde im Februar 1974 eine OECD-Konferenz ins Leben gerufen, mit dem Ziel, eine störungsfreie Ölversorgung für die Industriestaaten zu gewährleisten. Die damals beschlossenen Maßnahmen der IEA sind unter Punkt 3.3. bereits angeführt. Parallel zu diesen Maßnahmen kommt es zur vorher genannten Förderung erneuerbaren Energien in den 80er Jahren. Als positiver

Nebeneffekt zu diesen Strategien der OECD-Länder kommt der Iran-Irak Krieg in den Jahren 1980 bis 1988, der beide Länder zu einer Erhöhung der Ölförderung zwingt, um ihren Krieg zu finanzieren.

Diese Faktoren tragen bereits ab 1980 zum Preisverfall des Erdöls bei, der 1998 auf den tiefsten Stand seit 1977 fällt. Die Gewinner dieser Strategie sind einzig und allein die OECD-Länder, die ab 1980 die Ölpreise wieder fest in der Hand haben und eine „störungsfreie Ölversorgung" für die Industrieländer gewährleisten können, so wie es 1974 auf der OECD-Konferenz in Washington beabsichtigt worden war (Massarrat, 1998, S.82).

Die Verlierer sind die Förderländer und die erneuerbaren Energien.

8.2. Die Vernachlässigung regenerativer Energieforschung

Die drastische Senkung der Beiträge für erneuerbarer Energien in den 90er Jahren wurde immer wieder mit Sparmaßnahmen der Regierungen heruntergeredet. Tatsache aber ist, dass die OECD-Länder ihre Energieversorgung wieder stabilisiert hatten und auf eine umweltfreundliche Energieversorgung verzichten konnten, obwohl der Durchbruch solarer Energieversorgung kurz bevorstand. Wenn man die Budgets für die Förderung erneuerbarer Energieträger der OECD-Länder im 10 Jahreszeitraum von 1981 bis 1990 betrachtet, so kommt man zu einem erschreckenden Ergebnis.

Die Budgets sanken von 1,6 Milliarden Dollar im Jahr 1981 auf 526 Millionen Dollar im Jahr 1990. Die Ausgaben wurden fast ausnahmslos in allen Ländern gekürzt. Zwar ließen nach der zweiten Ölkrise Anfang der 80er Jahre die Energieforschungsaktivitäten generell nach, aber dennoch ist offenkundig, dass besonders die Sonnenenergieförderung drastisch eingeschränkt wurde, obwohl sie die jüngste und vielfältigste der Energieförderbereiche ist, der mehr als jeder andere Energieforschungsbereich auf öffentliche Budgets angewiesen ist.

Tab. 11: Budgets für FuE der IEA-Mitglieder für erneuerbarer Energien in Mio.$ (1990)

Jahr Land	1981	1982	1983	1984	1985	1986	1987	1988	1989	1990
Kanada	81,8	68,4	75,0	58,9	34,7	20,2	17,2	15,7	9,7	13,1
USA	934,3	448,7	337,9	276,3	253,2	186,8	169,8	133,6	117,7	113,3
Japan	156,5	162,7	147,7	136,8	122,9	119,4	106,4	117,2	96,4	96,3
Australien	20,7	k.A.	16,4	k.A.	10,5	k.A.	1,0	k.A.	4,5	k.A.
Neuseeland	5,8	4,3	4,9	4,5	3,3	1,5	0,5	k.A	k.A.	k.A.
Österreich	8,8	8,3	9,3	4,7	4,7	3,5	3,4	5,4	3,0	2,0
Belgien	20,3	10,0	14,5	16,6	16,1	6,3	4,9	2,3	0,5	k.A.
Luxemburg	2,4	k.A.	k.A.	k.A.	k.A.	k.A.	k.A.	0	k.A.	k.A.
Dänemark	5,5	5,7	5,3	5,2	4,6	6,1	5,5	k.A.	11,4	8,6
Deutschland	114,0	172,9	83,2	101,4	90,5	56,6	79,5	84,6	82,8	105,2
Griechenland	15,4	4,1	3,9	5,6	8,5	13,1	6,3	7,0	7,4	22,1
Irland	7,5	6,3	3,3	1,4	0,9	0,8	1,5	2,3	k.A.	k.A.
Italien	62,0	30,5	53,2	106,7	28,0	45,5	41,2	58,1	44,7	55,5
Niederlande	31,9	30,8	35,9	29,0	53,5	25,9	23,5	19,3	22,5	22,0
Norwegen	5,7	4,5	4,7	3,9	3,4	3,6	3,1	3,1	3,3	5,3
Portugal	1,4	1,7	2,5	3,5	3,4	3,0	2,3	1,9	2,7	1,5
Spanien	33,9	33,9	72,2	72,5	23,7	20,5	13,7	14,6	15,5	8,0
Schweden	88,9	85,2	62,6	58,9	40,1	27,8	20,5	22,9	23,2	19,3
Schweiz	16,2	13,6	15,6	14,4	12,5	12,2	13,6	18,1	22,5	24,3
Türkei	0,5	0,5	0,8	0,8	0,7	0,7	0,7	1,2	0,9	0,7
England	47,6	35,7	28,1	31,4	27,2	21,8	26,2	26,6	26,5	29,0
Insgesamt	*1661,1*	*1127,8*	*977,0*	*932,5*	*742,4*	*575,3*	*540,7*	*533,9*	*495,2*	*526,2*

Quelle: Energy Policies IEA Countries, 1990 Review, OECD, Paris

Tab. 12: Budgets für Energieforschung und –Entwicklung von IEA-Mitgliedsregierungen zwischen 1981 und 1990 (in Mio.US-Dollar)

	Sonnenenergie	Energieeinsparung	Atomare Energie	Fossile Energie	Gesamt	% Sonnenenergie
BRD	970,7	337,7	7426,8	1790,7	10525,9	9,2
Dänemark	64,3	71,3	32,5	70,9	239,0	26,9
Großbritanien	300,1	539,3	3846,0	532,9	5218,3	5,8
Italien	525,4	474,4	7074,3	49,2	8123,3	6,5
Japan	1262,3	286,5	19112,7	3599,7	24261,2	5,2
Kanada	394,7	826,6	1759,6	1555,9	4536,8	8,7
Niederlande	294,3	387,6	462,9	320,5	1465,3	20,0
Österreich	53,1	114,7	56,7	18,2	242,7	21,9
Schweden	449,4	501,7	211,6	232,5	1395,2	32,2
Schweiz	163,0	143,2	542,5	33,0	881,7	18,5
Spanien	308,3	194,7	340,7	227,5	1071,2	28,8
USA	2971,6	2150,1	14606,2	5176,7	24904,6	11,9

Dass diese Kürzungen fast in allen Ländern stattfanden, zeigt den grenzüberschreitenden Einfluß der Ölkonzerne auf die einzelnen Regierungen auf. Noch grotesker wird die Situation, wenn man die Ausgaben der westeuropäischen OECD-Länder ohne Frankreich und Irland für die Weltraumforschung mit den Ausgaben für erneuerbare Energien vergleicht.

Beispielsweise betrugen die Ausgaben für die Weltraumforschung dieser Länder 1988 3,7 Milliarden Dollar und das Budget für erneuerbare Energien lächerliche 208 Millionen Dollar, was ein Verhältnis von 1:20 bedeutet.

Noch eklatanter fallen die Vergleiche mit den Ausgaben für Rüstungstechnologien aus. Die US-Regierung gab beispielsweise im Jahr 1990 für Sonnenenergieentwicklung mit 113 Millionen Dollar weniger aus, als ein einziges Transportflugzeug, ein B1 B-Bomber oder eine einzelne Atomrakete kostet!!!

In Europa entwickelt Großbritannien, Deutschland, Italien und Spanien seit 1988 das europäische Jagdflugzeug, für dessen Entwicklung alle gemeinsam etwa 25 Milliarden D-Mark ausgeben, die Ausgaben für erneuerbare Energien im gleichen Jahr liegen bei 208 Millionen Dollar (Scheer,1993,S.65f).

Diese Zahlenvergleiche illustrieren, in welcher grotesken Weise Politiker der OECD-Länder in den 90er Jahren ihre Verantwortung zugunsten der Öl- und Rüstungskonzerne missbraucht haben, obwohl bereits in den 80er Jahren nicht mehr zu ignorierende wissenschaftliche Erkenntnisse über die Zerstörung der Ökosphäre bekannt wurden, beispielsweise durch den Report des Club of Rome im Jahr 1972.

Der Vorwurf eines grundlegenden Versäumnisses klingt unglaubhaft. Es erscheint unvorstellbar, dass sich nahezu die Gesamtheit der Führungseliten so grundlegend fehlverhalten. Solches Fehlverhalten zieht sich aber quer durch die Geschichte, wie es Barbara Tuchman in ihrem Buch „Torheit der Regierenden" beschreibt: „die gesamte Geschichte, unabhängig von Zeit und Ort, durchzieht das Phänomen, dass Regierungen und Regierende eine Politik betreiben, die den eigenen Interessen zuwider läuft. In der Regierungskunst, so scheint es, bleiben die Leistungen der Menschheit weit hinter dem zurück, was sie auf allen anderen Gebieten vollbracht hat." Nach Tuchman können verschiedene Elemente für eine solche Missregierung ausschlaggebend sein, die aber auch zusammenwirkend auftreten können: Tyrannei, Selbstüberhebung, Unfähigkeit oder Dekadenz und Torheit oder Starrsinn. „Vernünftigerweise seien auch in Zukunft immer wider grundlegende Torheiten zu erwarten, und deshalb werde es weitergehen durch Zeiten von Glanz und Niedergang, durch Zeiten großer Unternehmungen und tiefer Schatten (Tuchman, 1984, S.11)."

Die große Gefahr dieses Fehlverhaltens liegt aber darin, dass Fehler, wenn sie beispielsweise die Atomkraftnutzung betreffen, nicht mehr gutzumachen sind, wie wir es am Beispiel Tschernobyl erlebt haben.

Die Vorteile, die solche Technologien für die Gesellschaft bringen, stehen in keinem Verhältnis zu den einzigartigen und langfristigen Gefahren, die mit ihnen verbunden sind. Diese Tatsache hält wissenschaftliche, wirtschaftliche und politische Eliten aber keineswegs ab, an dem eklatanten Widerspruch zwischen der prioritären Entwicklung unglaublicher technischer Fähigkeiten und der gleichzeitigen Vernachlässigung unerhörter Gefahren festzuhalten (Scheer, 1993, S.78).

8.3. Derzeitige Nutzung und zukünftige Potentiale erneuerbarer Energieträger in Europa und Nachbarländern

Erneuerbare Energieträger (EE) werden gegenwärtig innerhalb der Europäischen Union in unzureichender Weise genutzt. Obwohl viele erneuerbare Energieträger in großen Mengen verfügbar sind, ist der Anteil der erneuerbaren Energieträger trotz ihres beträchtlichen Potentials am gesamten Bruttoinlandsenergieverbrauch der EU mit weniger als 6 Prozent äußerst gering (1997).

Mit dem Weißbuch hat die Europäische Kommission im November 1997 auf die Herausforderung eines Ausbaus regenerativer Energien reagiert und erste Maßnahmen ergriffen und in einer gemeinsamen Strategie festgehalten. Die europäische Kommission verweist ausdrücklich auf die Notwendigkeit gemeinsamer Anstrengungen auf der Ebene der Gemeinschaft wie auch der Mitgliedstaaten: „....Erneuerbare Energiequellen sind heimische Energiequellen, die dazu beitragen können, die Abhängigkeit von Energieeinfuhren zu verringern und somit die Versorgungssicherheit zu verbessern.[1] Der Ausbau schafft Arbeitsplätze, besonders bei den kleinen und mittleren Unternehmen,, die für das Wirtschaftsgefüge der Gemeinschaft so wichtig ....sind." Weiter wird darauf hingewiesen, dass „...wenn es der Gemeinschaft nicht gelingt, im kommenden Jahrzehnt einen deutlich größeren Teil ihres Energiebedarfs durch erneuerbarer Energieträger zu decken, entgeht ihr eine bedeutende Entwicklungschance, und gleichzeitig wird es für die Gemeinschaft immer schwerer werden, ihren sowohl auf europäischer als auch auf internationaler Ebenen bestehenden Umweltschutzverpflichtungen nachzukommen (Weißbuch, 1997)."

Der besondere Wert des Weißbuch liegt aber vor allem in den quantitativen Zielen, wo generell von einer Verdoppelung des Anteiles erneuerbarer Energien von 6 Prozent auf 12 Prozent bis 2010 am Bruttoenergieverbrauch ausgegangen wird. Obwohl es sich dabei nicht um eine verbindliche Richtlinie handelt, wurde das Verdoppelungsziel bereits in der politischen Diskussion auf Ebene der Mitgliedsstaaten zu einem zentralen Anliegen.

---

1 (Die Abhängigkeit der EU von Energieeinfuhren liegt bereits bei 50 Prozent und wird bei Fortsetzung des gegenwärtigen Trends im Jahr 2020 etwa 70 Prozent erreichen)....

Die Mehrzahl der Regierungen hat bereits konkrete Programme für die Förderung erneuerbarer Energieträger entwickelt, oder selbst entsprechende Grün- (Irland) oder Weißbücher (Spanien, Italien) erstellt, was die Wirkung des Weißbuches der europäischen Kommission unterstreicht.

Neben dem Verdoppelungsziel setzt das Weißbuch auch Richtwerte für Einzeltechnologien. Ausgangspunkt ist dabei der Mix EE in der Gemeinschaft Mitte der 90er Jahre mit einem Anteil von 60% aus Biomasse und 35% aus Wasserkraft.

Neben diesen Technologien sollen aber insbesondere die Windenergie und die thermische Nutzung von Solarenergie zur Warmwasserbereitstellung vorangetrieben werden.

Geringere Beiträge werden von der Photovoltaik, der Erdwärme und von Wärmepumpen erwartet, wobei allerdings die Photovoltaik von allen Technologien die mit Abstand größten relativen Zuwachsraten aufweist.

Inwieweit dieses Programm für die Förderung erneuerbarer Energieträger den erwarteten Durchbruch bringt, ist aber heute noch nicht abzusehen.

8.4. Wind Energie

8.4.1. Entwicklung

Die Nutzung der Windenergie geht weit in das letzte Jahrhundert zurück. Um 1900 gab es an der Nordseeküste zwischen Holland und Dänemark bereits 100.000 Windmühlen, im dänischen Inland allein 30.000 (Scheer, 1999, S. 129).

In den 20er und 30er Jahren kam es zum ersten „Boom" für Windstromanlagen, obwohl diese dann als vereinzelte Systeme durch Großanbieter verdrängt wurden. Erst in den 80er Jahren kam es dann aufgrund der Ölkrise und den damit zusammenhängenden Preissteigerungen für Öl zu einer erneuten Weiterentwicklung für die Gewinnung von Strom aus Windkraft. Förderprogramme wurden besonders in Kalifornien, Dänemark, UK, Deutschland, Japan und den Niederlanden initiiert. In den Jahren zwischen 1985 und 1990 kam es zu ersten Einbrüchen, die besonders auf die Budgetkürzungen der Industrieländer für erneuerbare Energien zurückzuführen sind. Seit 1990 ist wieder ein Aufwärtstrend festzustellen, der hauptsächlich auf die positiven Förderprogramme der europäischen Länder zurückgeht.

Mittlerweile ist Deutschland mit großem Abstand das Windenergieland Nr. 1 in der Welt und verfügt knapp über 1/3 der weltweit installierten Leistung von 13.500 MW (Wind Power monthly, 4/2000. Die installierte Leistung stieg von 18,8 MW im Jahr 1989 auf 4.450 MW 1999 an.

Die bestehenden rund 8000 WEA produzieren in einem normalen Windjahr rund 8,5 TWh/a oder 2 Prozent des deutschen Stromverbrauches.

Tab.13

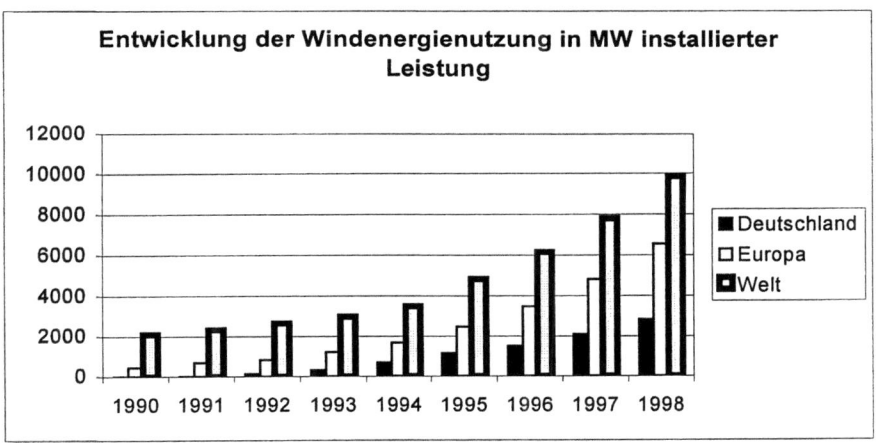

(Quelle: Windenergie gestern, heute und morgen, Czisch et.al)

8.4.2. Potenzial und Nutzung

Die Möglichkeiten einer Nutzung der Windenergie zur Energienachfragedeckung müssen unter mehreren Gesichtspunkten betrachtet werden. Zum Einen beschränken sich die Berechnungen dieser Arbeit auf das Gebiet Europa und die Nachbarregionen und zum Zweiten schwanken die Angaben aus den verschiedenen Quellen sehr stark voneinander ab, da die jeweiligen Rahmenbedingungen in den einzelnen Gebieten sehr unterschiedlich sind, was auch für die anderen erneuerbaren Energiequellen gilt.

Beweist sich beispielsweise die derzeitige politische SPD-Grüne Koalition in Deutschland als sehr positiv, so sind andererseits jedoch die natürlichen Potentiale (Windverhältnisse) in anderen Ländern vergleichsweise besser. Deshalb werden die politischen Rahmenbedingungen außer Acht gelassen und nur die technischen Größen als Maßstab verwendet, um ein relativ einheitliches Bild zu gewährleisten. Die Ausführungen beschränken sich dabei auf die Potentiale unter Berücksichtigung des derzeitigen Standes der Technik und des örtlichen „Windverhältnis".

Theoretisches Potential:

Über der Gebietsfläche Europas ist ein theoretisches Potential der Windenergie zwischen 12 – 24 PWh/a gegeben, was den Strombedarf der EU (ca. 2100 TWh) um ein vielfaches überschreitet.

Jedoch ist dieses Potential aufgrund technisch unvermeidbarer Verluste nur teilweise erschließbar. Diesen Verlusten stehen zudem Restriktionen (z.B. Waldflächen, Siedlungsgebiete, Naturschutzgebiete usw.) gegenüber, die die Potentiale erheblich verringern. Nach einer Schätzung der dänischen Firma BTM Consult beläuft sich das Windstrompotential auf landgeschützten Standorten innerhalb der Länder der EU auf 550 TWh oder 280 GW installierbare Windkraftanlagenleistung (mit Norwegen ergeben sich 630 TWh bei 315 GW) (EWEA 1999).

Dabei galten die Einschränkungen, dass in keinem Land mehr als 20 Prozent der Stromerzeugung aus Windkraft kommen sollen (dadurch wird zusätzlich eine über die momentane Nachfrage hinausgehende aktuelle windtechnische Stromerzeugung ausgeschlossen)[2] und die sehr vereinfachte Annahme, dass die Anlagenausstattung überall 2000 Vollaststunden beträgt.

Unter diesen Bedingungen und bezogen auf die 2000 TWh (mit Norwegen 2100 TWh) Stromverbrauch der Mitgliedsländer im Jahre 1997 (DOE,1999 a) würde somit das technische Windstrompotential etwa ¼ des europäischen Stromverbrauches decken können (Czisch, 2001, S.3).

---

2 Vermeidung von Speicherverlusten dadurch, dass die aktuelle Windstromerzeugung immer zeitgleich auch genutzt werden kann.

Hierbei wird aber in einigen Regionen wie Irland und Großbritannien der zu nutzende Teil so eingeschränkt, dass er nicht mehr als ein Viertel der insgesamt in der EU und Norwegen installierten Leistung ausmacht, wobei das Potential weit darüber hinausgeht (vgl. Czisch, 2001, S.7). Dabei handelt es sich aber nur um das Potential an Landsstandorten, die sogenannten „Onshore –Kraftwerke".

Zusätzlich ist eine Windkraftnutzung vor der Küste (Offshore) technisch möglich. Hierbei wären das Wattenmeer und Gebiete im flachen Wasser aufgrund der nur geringen Mehrkosten gegenüber einer Installation auf dem Festland prädestiniert.

Solche Offshore-Kraftwerke profitieren von den äußerst günstigen Windbedingungen, die sich im Meer anbieten. Die Mehrkosten, die für den Bau eingeplant werden müssen, werden durch die hohen Windgeschwindigkeiten beinahe ausgeglichen.

Nach (Cocerill, 1998) ist beispielsweise in einigen Gebieten in der Nordsee trotz Distanzen von bis zu 80 km zur Küste und dementsprechend hohem Aufwand für den Stromtransport mit Stromgestehungskosten zwischen 8 und 10 DPf/KWh zu rechnen, was die Kosten an Landstandorten nicht übersteigt. Das Problem, das sich bei diesen Anlagen stellt, sind die Windkraftanlagen selbst, die im Meer sowohl Hindernisse für den Schiffsverkehr darstellen, als auch einen Eingriff in die vielfach unberührte Natur der Meere bedeuten.

Die Tabelle 14 gibt einen Eindruck über die günstigsten Windstandorte (onshore) weltweit, wobei Gebiete mit 2000 Volllaststunden, in der Tabelle hellblau eingezeichnet, bereits als wirtschaftlich konkurrenzfähig gelten. Dabei kann man die günstige Position der Küstenstandorte Europas und seiner Nachbarländer ausmachen.

Die Jahreserträge sind in adäquaten Volllaststunden angegeben, wobei Werte über 3800 h und unter 800 h nicht dargestellt wurden. Als Quelle für die Winddaten dienten Daten des Europäischen Zentrums für Mittelfristige Wettervorhersagen (ECMWF).

Die Winddaten von 1979 bis 1992 in 33 m und 144 m über Grund waren Grundlage für die Berechnung der Jahreserträge.

Aus europäischem Blickwinkel heraus betrachtet, fallen besonders die Gebiete Großbritannien, Irland und die Küstengebiete vor den Ländern, die an den Atlantik bzw. an die Nordsee grenzen, auf. In unserer „näheren Umgebung" sind zudem die Jemalregion in Nordwestsibirien, die Region im Bereich des Kaspischen Meeres und einige Regionen in Nord-

Tab. 14: Aus Daten des ECMWF errechnete jahresmittlere Volllaststunden drehzahlvariabler Windkraftanlagen mit 80 m Nabenhöhe für den Zeitraum 1979-1992

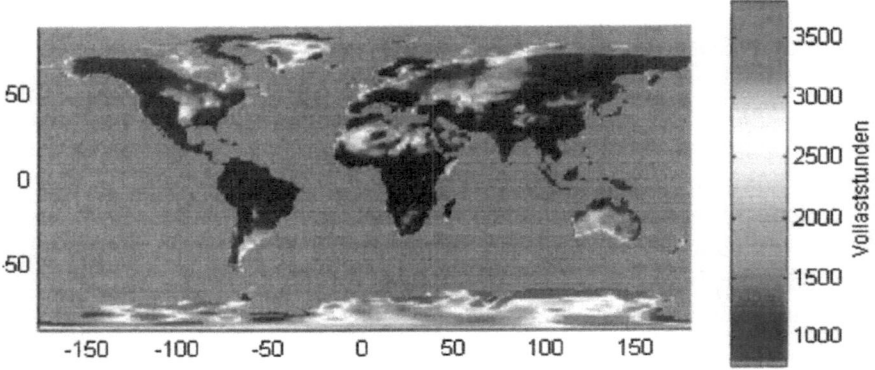

afrika durch sehr gute Windverhältnisse gekennzeichnet. In Nordafrika fallen große Flächen im Bereich von Nordsudan und Südägypten sowie in Südalgerien und an der Atlantikküste von Marokko bis Mauretanien auf.

In Tabelle 15 (siehe dazu S. 87) sind die theoretischen Windstrompotentiale angegeben, die sich an den verschiedenen Windstandorten in Europa und Nachbarländer ergeben. Unberücksichtigt bleiben dabei die Standorte in den Küstengewässern.

Die Tabelle 16 (siehe dazu S. 88) zeigt die potentiellen Jahreserträge im Offshore-Bereich. Die europäischen Verhältnisse stellen sich wieder als besonders günstig heraus. In den Meerregionen am Atlantik trifft man teilweise auf Windverhältnisse von über 4000 Volllaststunden[3], was die „Landverhältnisse" bei weitem übersteigt (vgl. dazu Kaltschmitt, Wiese, S. 271 ff.).

---

[3] Bei der Stromerzeugung mit 4000 Volllaststunden wird im Vergleich zu einer Anlage an einem Standort mit 2000 Volllaststunden der 4-fachen Ertrag erzielt, da die Stromerträge exponentiell zu den Volllaststunden steigen.. Dies erklärt das große Potential, welches sich in den Küstengewässern ergibt.

Tab.15

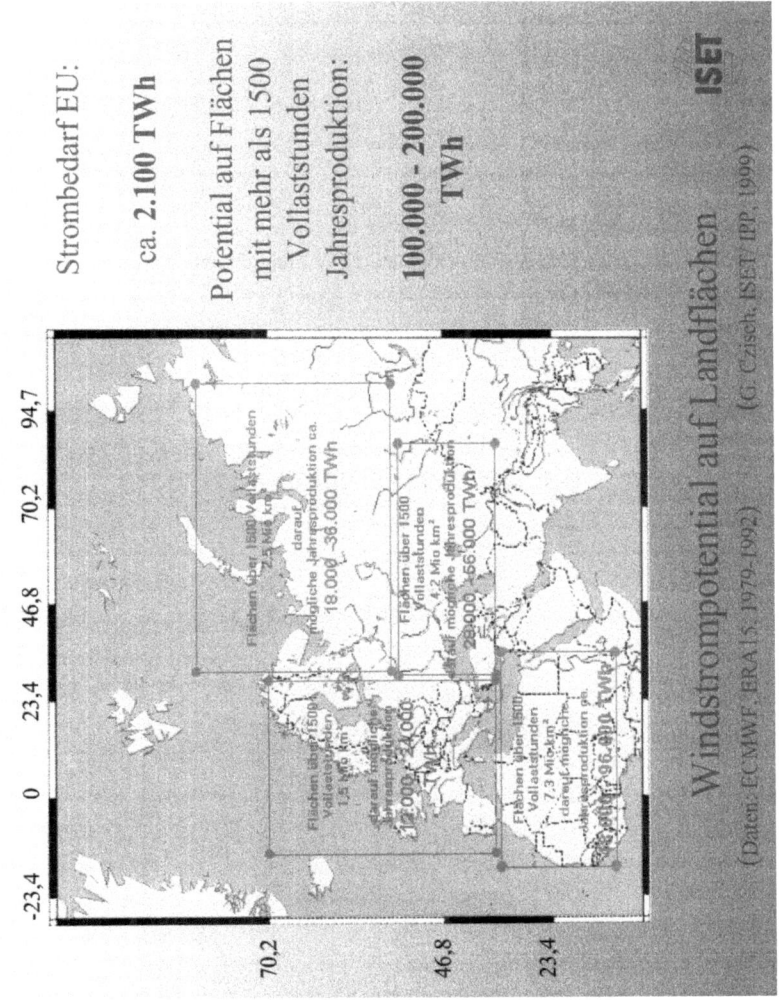

(*Quelle: Czisch ISET*)

Tab.16: Aus Daten des ECMWF errechnete jahresmittlere Vollaststunden drehzahlvariabler Windkraftanlagen im Offshore-Bereich mit 80 m Nabenhöhe für den Zeitraum 1979-1992

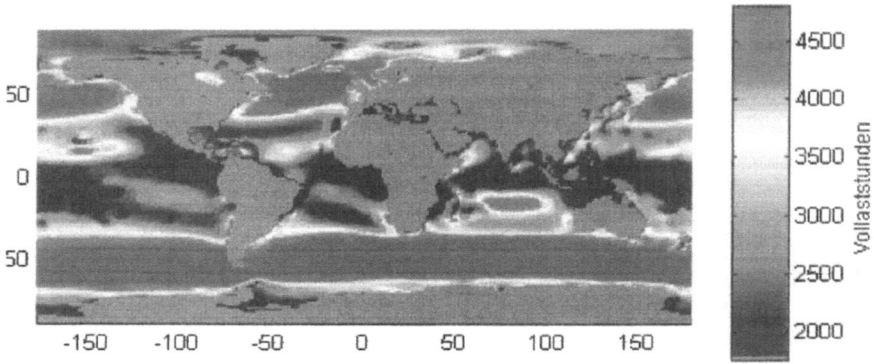

Neben diesen Standorten in den europäischen Küstengewässern, verfügen auch Standorte im benachbarten Nordafrika über sehr geeignete Windverhältnisse, die sich eventuell für eine Stromerzeugung anbieten würden.

8.4.3. Exkurs: Windpark in Nordafrika – Europa

Die Tabellen 16 und 14 zeigen, dass Nordwestafrika, in dem sich unter anderem Nord- und Südmarokko und Algerien befinden, sich durch besonders gute Windverhältnisse auszeichnet bzw. durch seine sehr dünne Besiedelung auffällt.

Allein für 2/3 dieses Gebietes berechnet Czisch (2001) eine Jahresproduktion von circa 2300 TWh, was den gesamten Stromverbrauch der EU ausmacht.

Der gezeigte Ausschnitt bietet also ein sehr großes Potential, das in der Lage wäre, einige Male den Bedarf an elektrischer Energie in der EU sowie in den nordafrikanischen Ländern zu decken. In Nordafrika ist auf der Fläche von circa 3 Millionen km^2 mit einer potentiellen Auslastung von mehr als 2000 Vollaststunden für Windkraftanlagen zu rechnen. Damit könnten auf dieser Fläche jährlich maximal etwa 50.000 TWh Windstrom produziert werden (Czisch, 2001, S.9).

Der große Vorteil dieser Regionen besteht also nicht nur im enormen Potential, das diese an „Windenergie" bieten, sondern zusätzlich in den relativ geringen Jahresschwankungen in der Erzeugung. Gehört Europa zu den typischen Winterwindregionen, so zeichnen sich die Regionen Nordafrikas besonders durch den Passatwindeinfluss durch relativ gemäßigte Schwankungen aus. Für (Czisch, 2001, S. 13) besteht besonders darin der große Vorteil einer großräumigen Stromerzeugung, durch die die saisonalen Schwankungen in den einzelnen Ländern besser ausgeglichen bzw. die dünn besiedelten Gebiete (Nordafrika, Kasachstan, Jemalregion) zur Stromerzeugung genutzt werden können (vgl. Czisch, 2001).

Aus diesem Grund wäre ein Zusammenschluss von europäischen und nordafrikanischen Standorten denkbar, um die verschiedenen Angebotszeiten der jeweiligen Länder besser zu kombinieren und damit eine gleichmäßigere Stromerzeugung aus Windenergie zu erreichen.

8.4.4. Kosten

Die Kosten, die sich aus der Erzeugung von erneuerbarem Strom aus Windenergie ergeben, sind je nach Standort verschieden und werden von einer Vielzahl unterschiedlicher Parameter bestimmt. Sie hängen vom standortspezifischen Jahresmittel der Windgeschwindigkeit, von der Investitions- bzw. Kapitalkosten, und von der Abschreibungsdauer der Anlage ab.

Den größeren Einfluß übt das Jahresmittel der Windgeschwindigkeit und damit die Volllaststundenzahl auf die Stromgestehungskosten aus. Beispielsweise führt eine Zunahme der Windgeschwindigkeit um rund 5 Prozent zu einer Reduktion der spezifischen Kosten von etwa 10 Prozent.

So werden an einem guten Windstandort, beispielsweise in den oben genannten Regionen in Nordafrika Stromgestehungskosten von 5 – 6 PF KW/h erreicht, was in etwa 40 bis 50 Prozent unter den Kosten einer Anlage mit mittlerer Windgeschwindigkeit in Deutschland liegt (Czisch, 2001).

Verglichen damit zeigen die Betriebskosten und der Zinssatz einen erheblich geringeren Einfluß auf die Stromgestehungskosten. Lediglich die Abschreibungsdauer und die Gesamtinvestitionen haben noch einen nennenswerten Einfluß. Diese Relation der unterschiedlichen Größen wird anhand der Tabelle 18 deutlich, durch die sich die Kosten unter Annahme verschiedener Voraussetzungen bestimmen lassen.

Die Tabelle 18 zeigt eine Variation der wesentlichen sensitiven Parameter und deren Auswirkungen auf die resultierenden Stromgestehungskosten. Dazu wird von einem Standort mit 5,5 m/s jahresmittlerer Windgeschwindigkeit und einer 500 KW-Anlage ausgegangen (circa 2250 Volllaststunden pro Jahr)[4].

Tab.17: Stromgestehungskosten Windenergie

(Quelle: Kaltschmitt, 1993,S.292)

Um die Stromgestehungskosten aus Windenergie mit denjenigen einer Elektrizitätsgewinnung aus konventionellen Kraftwerken zu vergleichen, müssen die sogenannten Backup-Kosten berücksichtigt werden. Sie können aus Investitionen und den Betriebskosten der zusätzlich notwendigen

---

4 Zur Zeit sind bereits Anlagen der MW-Klasse in Betrieb, die sich besonders an günstigen Windstandorten durch niedrige Stromgestehungskosten rechnen.

konventionellen Kraftwerksleistung berechnet werden, damit die Versorgung kontinuierlich gesichert ist, da es aufgrund des fluktuierenden Windangebots immer wieder zu Angebotsschwankungen kommt. Nach Kaltschmitt/ Wiese (1997, S.293) ergeben sich für die Windenergie zusätzlich zu den Stromgestehungskosten aus Investition und Betrieb anzulastende Backup-Kosten von etwa 0,9 bis 1 Pf/KWh.

Bei der Gegenüberstellung der Stromgestehungskosten aus konventionellen Kraftwerken und aus Windenergieanlagen werden bei den konventionellen Techniken mittlere und nicht die maximal möglichen Volllaststunden unterstellt, was den Vergleich oftmals verfälscht, da auch konventionelle Kraftwerke vielfach nur zu Spitzenzeiten betrieben werden, ansonsten aber außer Betrieb sind. Demgegenüber produzieren in der Realität Stromerzeugungsanlagen auf der Basis der Windenergie immer entsprechend dem vorhandenen Energieangebot und damit mit den maximal möglichen Volllaststundenzahlen.

Unter diesen Annahmen errechnen Kaltschmitt und Wiese (1997, S.37) 8 Pf/KWh für Kohlekraftwerke und 7 PF/KWh für Erdgaskraftwerke. Dem stehen Kosten zwischen 6 Pf/KW/h und 12 PF/KW/h aus windtechnischer Stromerzeugung gegenüber (vgl. dazu Czisch 2001 und Kaltschmitt, Wiese, 1997, S .287).

Unberücksichtigt bleiben bei diesen Kosten jedoch die sogenannten „Umweltkosten", die entweder direkt oder zumindest indirekt durch Umweltverschmutzung entstehen.

8.4.5. Umweltaspekte

Obwohl es sich bei der Erzeugung von Strom aus Windenergie um eine erneuerbare Energiequelle handelt, müssen verschiedene Umweltaspekte berücksichtigt werden, obwohl es sich dabei nur um geringfügige Einschnitte in die Natur handelt, die in keinster Weise mit den negativen Auswirkungen konventioneller Energiebereitstellung zu vergleichen sind.

Mit der Stromerzeugung aus Windenergie sind neben den herstellungsbedingten Energie- und Materialaufwendungen sowie den Emissionen und der Flächenbindung weitere Umwelteffekte verbunden. Neben den Lärmemissionen handelt es sich dabei im wesentlichen um den Schattenwurf, eine visuelle Beeinträchtigung der Landschaft sowie mögliche Effekte auf die Vogelwelt.

Energie und Materialaufwendungen:

Wenn man die Materialbilanzen für eine WKA mit der eines konventionellen Kraftwerkes vergleicht, zeigt sich, dass die Materialbindung bei windtechnischer Stromerzeugung, im Besonderen Stahl und Betonverbrauch, durch sehr hohe Aufwendungen gekennzeichnet ist.

Vergleicht man jedoch den kumulierten fossilen Energieaufwand (darunter ist der fossile Primärenergieaufwand einschließlich aller vor- und nachgelagerten Prozesse zu verstehen, der im Verlauf der zu erwartenden Lebensdauer einer Anlage pro Einheit bereitgestellter Energie notwendig ist),[5] so übersteigt dieser für konventionelle Energiebereitstellung den für windtechnische Energiebereitstellung um das 60ig fache. Das bedeutet nichts anderes, als dass für eine KW/h Strom aus fossilen Energieträgern 60 mal soviel Energie in den vor- und nachgelagerten Prozessen eingesetzt werden muss, als für eine KW/h aus windtechnischer Stromerzeugung. Dieser Vergleich lässt die Effizienz von Windkraftanlagen, die an guten Standorten betrieben werden, besonders deutlich werden und unterstreich deren Bedeutung in der zukünftigen Energiebereitstellung.

Emissionsbilanz:

Zum kumulierten fossilen Energieaufwand kommen die umweltschädlichen Emissionen, die besonders von fossilen Energieumwandlungstechniken verursacht werden. Wenn wir das klimaverändernde CO_2 hernehmen, so verursacht eine WKA 18,1 – 38,8 Tonnen CO_2 /GWh erzeugtem Strom und ein Steinkohlekraftwerk 844 t/GWh, was die negative Emissionsbilanz eines solchen Kraftwerks eindeutig belegt. Einen besseren Wert weisen zwar die Erdgaskraftwerke mit 423 t/GWh auf, was aber immer noch 15 – 20 mal höher ist als bei einer WKA.

Die vermiedenen CO_2-Emissionen, die sich aus der Differenz der Bilanzen der konventionellen Stromerzeugung und der vergleichbaren Bilanz einer Stromerzeugung

aus Windenergie ergeben, betragen 804,9 – 825,7 t/GWh (Kaltschmitt, Wiese 1997: 441). Damit wurden allein in Deutschland im Jahr

---

[5] Herstellungsaufwand, Energieaufwand für die Nutzung, Brennstoffgewinnung, -Aufbereitung und –Transport, Entsorgungsaufwand;

2000 mit 8500 GWh produzierter Windleistung circa 7.000.000 Tonnen CO_2-Emissionen vermieden (eigene Berechnung).

Flächenbindung, Lärmemissionen:

Die Flächenbindung bzw. die Beeinträchtigung des Landschaftsbildes werden immer wieder gegen die WKA ins Feld geführt. Relevant wird die Beeinträchtigung des Landschaftsbildes insbesondere auf exponierten Lagen, hier sind die WKA weithin sichtbar. Dabei hängt die optische Beurteilung von Windkraftanlagen aber wesentlich von den Assoziationen ab, die der jeweilige Betrachter persönlich einbringt. Im Normalfall wird jedoch – zumindest in Deutschland – der Anblick einer Windkraftanlage als wenig störend empfunden. (Kaltschmitt, Wiese, 1997, S. 280)

Die Geräuschefreisetzungen sind bei den modernen Anlagen durch entsprechende Dämpfung gering und nur in unmittelbarer Anlagennähe zu hören, daher dürfte keine wesentliche Beeinträchtigung der Umwelt entstehen.

In jedem Einzelfall ist aber der Einfluß einer Windkraftanlage oder eines Windparks auf die konkreten Anwendungsgebiete zu prüfen im besonderen in Nationalparks, Naturschutzgebieten, Wattgebieten, Vogelschutzgebieten usw.. In allen anderen Gebieten sind die durch die Windkraftanlagen hervorgerufenen Auswirkungen auf die Umwelt (im Vergleich zu anderen mit der Nutzung der Natur durch den Menschen verbundenen Einflüssen) im Regelfall klein und sollten daher einer Windkraftnutzung nicht im Wege stehen.

8.5. Biomasse

Eine weitere Form der Nutzung erneuerbarer Energien stellt die Erzeugung und Nutzung von Biomasse dar. Der besondere Vorteil der Nutzung von Biomasse besteht darin, dass Biomasse leicht speicherbar und beliebig, das heißt dem Bedarf entsprechend, einsetzbar ist.

Ihr Anteil beträgt zur Zeit 3 Prozent am gesamten Energieverbrauch der 15 europäischen Mitgliedsstaaten und soll bis 2010 auf 8,5 Prozent des für jenes Jahr prognostizierten Gesamtenergieverbrauches ansteigen.

Gemäß diesem Szenario muss die jetzige Menge von 44,8 Millionen Tonnen RÖE um weitere 90 Millionen Tonnen RÖE (Rohöleinheiten)[6] ergänzt werden. Diese 90 Millionen Tonnen RÖE sollen aus land- und forstwirtschaftlichen Abfällen und Abfällen der holzverarbeitenden Industrie, aus Abfallströmen und neuen Energiepflanzen sowie aus der Verwertung von Biogas aus Viehzucht, Abwässern aus der Nahrungsmittelindustrie, Abwasserbehandlung und Deponiegasen gewonnen werden.

Weiterhin sollen biogene Kraftstoffe zunehmend an Bedeutung gewinnen, obwohl es sich dabei um die derzeit am wenigsten wettbewerbsfähige Nutzung von Biomasse handelt. Begründet wird das damit, dass es wichtig ist „... für ihre fortwährende verstärkte Präsenz auf den ... Kraftstoffmärkten zu sorgen, weil die Ölpreise kurz und mittelfristig nicht prognostizierbar sind und langfristig Alternativen zu den erschöpfbaren Ölreserven vonnöten sind" (Weißbuch der europäischen Kommission, 1997).

Besonders in den Staaten Österreich, Finnland und Schweden ist dieser erneuerbare Energieträger bereits für 12 Prozent, 23 Prozent bzw. 18 Prozent der Primärenergieversorgung verantwortlich (Stand Ende 1997).

Biomasse ist ein weitverbreiteter Energieträger. Neben Biomasse aus Holz und den Abfällen der holzverarbeitenden Industrie werden ihr auch Energiepflanzen zugerechnet sowie landwirtschaftliche Abfälle, Abwässer aus der Nahrungsmittelindustrie, Dung, die organischen Bestandteile fester oder flüssiger Siedlungsabfälle, getrennte Haushaltsabfälle und Klärschlamm.

Aus Biomasse gewonnene Energie ist flexibel, denn sie kann je nach Bedarf zur Erzeugung von Elektrizität, Wärme oder Kraftstoffen eingesetzt werden. Im Gegensatz zur Elektrizität kann sie einfach und kostengünstig gelagert werden. Die Angebotsschwankungen, die aus der Nutzung von Wind und Solarenergie entstehen, entfallen bei der Biomassenutzung. Hinzu kommt, dass Energie aus Biomasse sowohl in sehr kleinen, als auch in großen Anlagen erzeugt werden kann und somit beinahe standortunabhängig ist. Die Energieerzeugung aus Biomasse ist mit einem doppelten Nutzen verbunden: Neben der Erschließung einer wertvollen erneuerbaren Energiequelle leistet sie einen Beitrag zur Verbesserung von Umwelt und Klima. Das Hauptaugenmerk muss dabei aber auf

---

6 1 kg Rohöleinheit entspricht 11,63 KWh oder 41868 kJ .

eine nachhaltige Nutzung im Sinne einer umweltverträglichen Form der Landbewirtschaftung gelegt werden, denn die heute praktizierten Landbewirtschaftungsformen mit ihren negativen Auswirkungen auf Boden, Wasser und Tierwelt (Bodendegradation, Nitratauswaschungen, Verringerung der Biodiversität etc.) bieten keinen Lösungsansatz für eine solche nachhaltige Nutzung (Dirk, Wolters, 1999, S. 2).

Deshalb gehen auch die Biomassepotentialabschätzungen weit auseinander, da man die Berechnungen auf der Basis der konventionellen Landwirtschaft (u.a. Kaltschnitt, Wiese 1993) anstellte und somit von einem größerem Potential ausgegangen wurde.

Das Problem, das sich in diesem Zusammenhang stellt, ist die Frage unter welchen Bedingungen Landwirtschaft betrieben werden kann, ohne dabei die Natur zu belasten und dennoch auf die steigende Nachfrage nach Energieträgern aus landwirtschaftlichem Anbau zu reagieren.

Eine wertvolle Betrachtungsweise in diesem Zusammenhand liefert Dirk Wolters vom Wuppertalinstitut mit der Forschungsarbeit „Bioenergie aus ökologischem Landbau", der die Biomassenutzung aus einer „nachhaltig ökologischen" Sichtweise betrachtet.

8.5.1. Nutzung von Biomasse

Wie man aus dieser Abbildung entnehmen kann, gibt es eine ganze Reihe verschiedener Optionen um Biomasse einer energetischen Verwertung zuzuführen. Es handelt sich um eine große Anzahl aus der Land- und Forstwirtschaft stammender Roh- und Reststoffe, also um Kultur- bzw. Nutzpflanzen sowie diverser anfallender Sekundärgüter.

Die Erzeugung von Energieträgern in der Landwirtschaft ist in zwei Bereiche unterteilbar:
1) Gezielte Pflanzenproduktion mit der Hauptfunktion als Energieträger, was in direkter Konkurrenz zur Nahrungsmittelproduktion steht;
2) Die Nutzung pflanzlicher und tierischer Reststoffe, welche als Sekundärprodukte aus der ursprünglichen Produktionsstruktur entstehen;

Werden Pflanzen speziell für die energetische Nutzung angebaut, so spricht man auch häufig von Energiepflanzen (Kaltschmitt, Wiese, 1993,S.129), die entweder nach der Ernte direkt oder nach einer mechanischen Behandlung in thermische Energie umgewandelt werden, oder die durch die Extraktion von Ölen bzw. der Erzeugung von Alkohol (z.B.

Tab. 18 Umwandlungsoptionen von Biomasse:

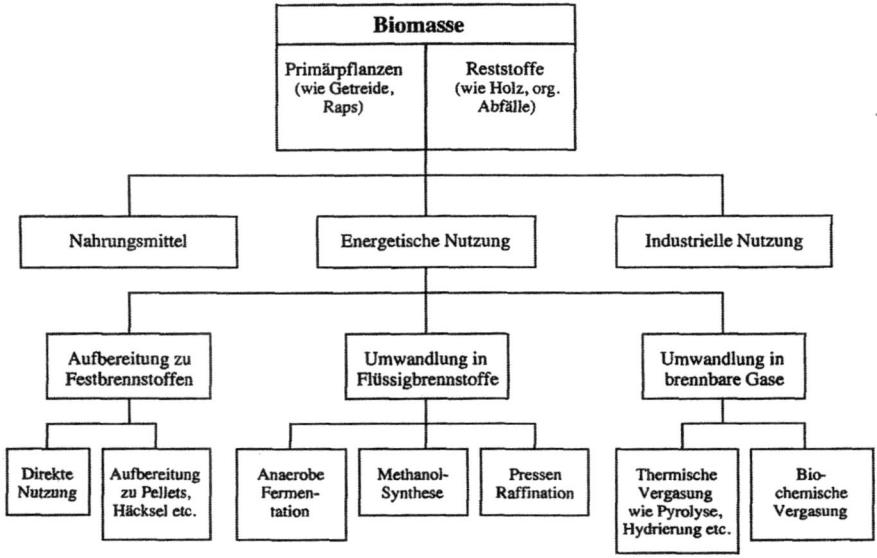

verändert nach IfE, Universität München

(Quelle: Wolters, 1999,S.2)

Kartoffeln) zu flüssigen Sekundärenergieträgern umgewandelt werden, sowie solche, die zu gasförmigen Energieträgern konvertiert werden (z.B. Biogas, Wasserstoff).

Unter die 2. Kategorie werden organische Reststoffe und Abfallprodukte, die in unserem Wirtschaftssystem in großen Mengen anfallen und ohne weitere energetische Verwertung durch langsame, kalte Oxidation (Faulprozess), die darin enthaltene Energie ebenso wie die Abbauprodukte CO_2 und Methan ungenutzt freisetzen. Dazu gehören vor allem die für die Biogasherstellung verwertbaren Abfallprodukte aus der landwirtschaftlichen Produktion (Gülle, Grünmasse, Pressrückstände, Schlachthofabfälle etc.), organischer Hausmüll und Klärschlamm sowie die als Festbrennstoff verwertbaren organischen Trockenabfälle aus agrarwirtschaftlicher und industrieller Produktion (Stroh-, Korn- und Reishülsen, Späne, Bauschuttholz, Altmöbel, Altpapier usw.) (Scheer, 1993, S.132).

Während die Nutzung biologischer Abfälle ausschließlich Vorteile hat, so stößt die Anpflanzung von Energiepflanzen auf nicht unberechtigten Widerstand, denn die konventionelle Landwirtschaft ist heute in erheblichem Maße an der Zerstörung von Boden, Verunreinigung von Grund- und Oberflächengewässern, Belastung von Luft, sowie einer Dezimierung der Artenvielfalt und Veränderung des Landschaftsbildes beteiligt, da sie in erheblichem Maße auf synthetische Stickstoffdünger, chemisch − synthetische Pflanzenschutzmittel zurückgreift. Dieser Einsatz eines naturunverträglichen Maßes an Düngemitteln und Pestiziden, wie er bei der landwirtschaftlichen Nahrungsmittelerzeugung eingesetzt wird, muss von vornherein vermieden werden.

Das 2. Problem ergibt sich aus dem Wettbewerb zwischen Energiepflanzenproduktion und der Nahrungsmittelherstellung. Es geht hier nicht bloß um die Überlegung, eine landwirtschaftliche Fläche für die Getreideproduktion zur Nahrungsmittelherstellung oder Energiepflanzenherstellung zu verwenden oder nicht, sondern vielmehr um moralische Überlegungen, die bei der heutigen Welternährungssituation die Frage aufwerfen, ob es moralisch gerechtfertigt ist z.B. Kartoffeln in flüssigen Treibstoff umzuwandeln, oder aus Mais Verpackungsmaterial herzustellen.

Das erste Problem, das durch die konventionelle Landwirtschaft und den damit zusammenhängenden Einsatz von Düngemitteln und Pestiziden einhergeht, lässt sich „relativ" einfach lösen. Die Antwort darauf ist ein naturnaher bzw. ökologischer Landbau, der von Dirk Wolters (1999) genau untersucht wurde.

Durch Maßnahmen wie schonende Bodenbearbeitung, standortgerechte Fruchtfolgen und Förderung des Bodenlebens durch organische Düngung wird die Erhaltung und − in gewissen Grenzen − nachhaltige Steigerung der natürlichen Bodenfruchtbarkeit gewährleistet. Der Einsatz mineralischer Stickstoffdünger und chemisch − synthetischer Pflanzenschutzmittel ist nicht erlaubt. Damit wird auf jeden Fall das Gefährdungspotential für Grund- und Oberflächengewässern sowie die Nitratbelastung von Gewässern erheblich herabgesetzt (Dirk, Wolters, 1999, S. 6).

Zudem wird in der vorgeschlagenen ökologischen Landwirtschaft ein besonders hoher Anspruch an die richtige Auswahl der jeweiligen Energiepflanzen gestellt, um die idealen Pflanzen für Klima, Bodenverhältnisse, Nährstoffversorgung, Unkrautregulierung und Fruchtfolge zu verwenden.

Die Flächenkonkurrenz, die zwischen Nahrungsmittel- und Energiepflanzenproduktion entstehen könnte, wird in verschiedenen Ansätzen zu widerlegen versucht. Hermann Scheer (1993, S.133) führt eine ganze Reihe von Argumenten an, die einer solchen Vermutung den Zündstoff nehmen. Beispielsweise verweist er auf die Nutzung von „degradierten Flächen"[7], die für die Nahrungsmittelerzeugung unbrauchbar sind und somit die Diskussion gar nicht aufkommen lassen. In 91 Entwicklungsländern kommt er auf 7,560 Millionen qkm, die als degradierte Flächen eingestuft werden.

Eine Studie der „Forward Studies Unit" der EG-Kommission weißt darauf hin, dass auf einer Fläche von 40.000 qkm in Europa bis zu 30 Prozent des europäischen Energieverbrauches gewonnen werden könnte. Eine andere Rechnung des EG-Experten Giuliano Grassi kommt bei 80.000 qkm auf 70% des Energiebedarfs – basierend auf dem Potential schnell wachsender C3-Pflanzen (David, Wright, 1991).

Ein Flächenproblem, so Scheer, das zu Lasten der Nahrungsmittelerzeugung gehen würde, gibt es seiner Auffassung nach nicht, da es zu einer Konkurrenz zwischen Flächen für den Nahrungsmittelanbau und den Energiepflanzenanbau erst gar nicht kommt (Scheer, 1993, S.133).

Die moralischen Bedenken, die die Verwendung von „Lebensmitteln" als Brennstoffe (z.B. Alkohol aus Kartoffeln) aufwerfen, sind zwar absolut gerechtfertigt, aber eine Diskussion darüber würde den Rahmen dieser Arbeit bei weitem sprengen, deshalb werden diese nicht näher untersucht.

8.5.2. Potentiale und Kosten der Biomassenutzung

Die Kosten und Potentiale für die Nutzung von Biomasse weichen sehr stark voneinander ab. Geht Scheer (1993, S.133) von einem theoretischen Potential aus, welches den gesamten Energiebedarf der Menschheit aus

---

[7] Die Definitionen für degradierte Flächen gehen bei den verschiedenen Autoren relativ weit auseinander. In diesem Zusammenhang sind all jene Gebiete gemeint, die weder über fruchtbare Böden noch ausreichende Wasserzufuhr verfügen.

Biomasse decken könnte, so werden von anderen Autoren Werte zwischen 10 und 30 Prozent als realisierbar erachtet (Wolters, 1999).

Die Kommission der europäischen Gemeinschaft geht in ihrem Weißbuch von einem Beitrag von 144 Millionen Tonnen RÖE bis 2010 aus, was 20 Prozent des Ölverbrauches von 1999 in der Europäischen Union ausmacht (Weißbuch, 1997). Aufgrund der breiten Nutzungspotentiale der Biomasse ist eine genaue Schätzung nahezu unmöglich, was aber den Reiz dieser Energienutzung zusätzlich stärkt. Auf jeden Fall spielt Biomasse in der Diskussion um den Einsatz der verschiedenen erneuerbaren Energieträger eine bedeutende Rolle.

Kosten:

Ein wichtiger Kostenfaktor für Energie aus Biomasse ist der Brennstoffpreis, durch den sich die Nutzung von Biomasse von allen anderen erneuerbaren Energien unterscheidet. Die Kosten schwanken zwischen 1,3 PF/KWh für Sägewerksabfälle und 5 PF/KWh für speziell angebaute Energiepflanzen (z.B. Pappeln). Je nach Brennstoffkosten liegen die Wärmegestehungskosten für Holzheizwerke bei 4.000 Vollastbenutzungsstunden zwischen 7 – 13 Pf/KWh.

Bei großen Anlagen liegen sie aufgrund der deutlich niedrigen spezifischen Investitions- und Betriebskosten zwischen 3 und 8 Pf/KWh. Hinzu kommen noch 1,5 Pf/KWh als sogenannte Backup-Kosten, mit denen die Kosten für die Wärmebereitstellung aus gas- oder ölgefeuerten Spitzenkesseln für Bedarfspitzen abgedeckt werden.

Da der Anteil der Biogasanlagen an der Stromversorgung heute noch sehr gering ist, wäre eine Berechnung für die Stromgestehungskosten bedeutungslos. Rund 2/3 dieser heute installierten Anlagen in Deutschland fallen auf Deponiegasanlagen, die schon wirtschaftlich betrieben werden können (Frithjof, Staiß, 2000, S.23), da es sich bei den Brennstoffen um Abfallprodukte handelt, die ansonsten teilweise entsorgt werden müssten[8].

---

8 Der Preis dieser Dieselkraftstoffe lag im Dezember 2000 laut einer Umfrage des Internationalen Wirtschaftsforums Regenerative Energien (IWR), Münster, mit 2,526 DM/l sogar unter denen für Dieselkraftstoffe. (IDEE: 2001/2)

Neben diesen Anlagen bestehen Biogasanlagen, die mit kleinen Leistungen von 10 KW weitgehend Strom für landwirtschaftliche Betriebe produzieren, was aber ihre Bedeutung keineswegs mindert.

Gerade diese Kleinanlagen, die entweder mit fester Biomasse bzw. Biogas betrieben werden können, sind aufgrund ihrer Standortunabhängigkeit geradezu ideal um Dörfer, Gewerbegebiete, Neubaugebiete usw. mit Wärme und in Zukunft auch mit Strom zu beliefern. Obwohl zusätzliche Kosten für Nahwärmenetze entstehen, die nochmals zwischen 2 – 9 Pf/KWh ausmachen, können sie durchaus mit Öl- oder Gas-Zentralheizungen konkurrieren. Hier werden die Kosten im Bereich von 15 – 20 Pf/KWh angesetzt (Frithjof, Staiß, 2000, I-29).

Bereits ausgereifter stellt sich der Markt für den Einsatz von Biodiesel in Verbrennungsmotoren dar. Es gibt bereits bemerkenswerte und zugleich umstrittene Beispiele, so etwa das brasilianische Alkohol – Treibstoffprogramm. Damit wurden bereits 1992 100 Millionen l Ethanol aus Zuckerrohr gewonnen, womit 4 Millionen Autos angetrieben werden können. Leider sind die Vorteile dieses Projekts, wie eine CO_2-Minderung, Schaffung von 500.000 Arbeitsplätzen und eine Verbesserung der Zahlungsbilanz durch Reduzierung der Energieimporte durch Nachteile, die durch die Energieproduktion für Lebensmittel entstehen, wie die Vertreibung von Kleinlandwirten, die Subventionierung des Ethanol-Produktionsaufbaues und damit der Autobesitzer zu Lasten der ärmsten Schichten überschattet (F. Rosillo Calle, D.O. Hall, S.97-128).

Aber auch in Deutschland gibt es rund 900 Biodieseltankstellen, die deutschlandweit Dieselkraftstoffe anbieten und somit bereits bundesweit präsent sind.

Aufgrund der vielfältigen Anwendungsmöglichkeiten von Biomasse zur Energienutzung ist es nicht leicht, anhand von Berechnungen bzw. Schätzungen vorauszusagen, in welchem Umfang die Biomasse künftig genützt werden wird. Die Europäische Kommission geht von einer Verdreifachung bis zum Jahr 2010 aus, was in etwa 144 Millionen Tonnen RÖE für dieses Jahr entspricht, das sind 8,5 Prozent des für jenes Jahr prognostizierten Gesamtenergieverbrauches. Diese Schätzungen liegen aber weit unter den Potenzialen, die von verschiedenen Wissenschaftler als realisierbar angesehen werden. Biomasse stellt aber bereits heute eine der vielversprechendsten Alternativen zu den konventionellen Energieträgern dar, da sie überall einsetzbar und vor allem speicherbar ist. So werden gerade Flüssigbrennstoffe, die aus Biomasse gewonnen werden, als Nachfolger von herkömmlichem Diesel gehandelt, da ihr Einsatzgebiet besonders im Transportverkehr von großer Bedeutung ist und die technischen Vorraussetzungen bereits seit Jahren bestehen. Als erster Schritt in diese Richtung kann dabei die Ausstattung aller neuen Dieselfahrzeuge der Marke VW mit biodieseltauglichen Motoren gewertet werden.

Im Gegensatz dazu sind beispielsweise die technischen Probleme bei der Verwendung von Wasserstoff als umweltfreundlichen Energieträger noch nicht annähernd geklärt.

Gerade die Einsatzmöglichkeit von Biodiesel in Motoren lässt auf das enorme Potential von Biomasse als ein bedeutender regenerativer Energieträger der Zukunft schließen.

8.6. Solarenergie

Die Nutzung von Sonnenenergie ist grundsätzlich auf zwei Arten möglich. Zum einen gibt es solarthermische Anlagen, die die Sonnenenergie in Wärme umwandeln und die photovoltaische Stromerzeugung, wo, im Unterschied zur Solarthermie, die Sonnenenergie direkt in elektrische Energie umgewandelt wird.

8.6.1. Solarthermie

Die wichtigste Variable für die Nutzung der Solarenergie ist natürlich das lokale Strahlungsangebot. Vergleicht man das Strahlungsangebot eines mitteleuropäischen Standorts, eines nordafrikanischen Standortes in der Nähe der Mittelmeerküste und einer besonders strahlungsintensiven Region Afrikas, so ergibt sich ein Verhältnis von 1000 zu 1800 zu 2400 KWh/(m²a). Zusätzlich ist an den verschiedenen Standorten mit hohen saisonalen Schwankungen zu rechnen. In Mitteleuropa kann die mittlere Globalstrahlung im Januar bis auf einen Wert von 15 Prozent der Strahlung im Juli fallen. An der Mittelmeerküste Nordafrikas ist im Januar immer noch mit Werten zwischen 30 – 40 Prozent zu rechnen. An den Standorten um den 10. Breitengrad liegt sie beinahe konstant bei 100 Prozent (Czisch, 1999,S.4. Zur Nutzung dieses Strahlungsangebots gibt es verschiedene Grundtypen einer Energieumwandlung. Für die solarthermische Stromerzeugung sind die Kraftwerke mit Rinnenkollektoren am weitesten entwickelt und finden bereits an verschiedenen Standorten Verwendung. Bei diesen sogenannten Parabolrinnenkraftwerken wird die Sonnenstrahlung mittels Parabolspiegel auf einen Kollektor in der Brennlinie fokussiert. Hier wird die Strahlungsenergie an ein Wärmeträgermedium übergeben.

Beim Kraftwerksteil handelt es sich meistens um ein herkömmliches Dampfkraftwerk, bei dem die Antriebswärme nicht aus der Verfeuerung von Brennstoffen, sondern aus dem Solarfeld stammt. Mit dieser Technik werden bereits Anlagen von 350 MWh betrieben und dabei Stromgestehungskosten von 15 DPf/KWh erzielt (Czisch, 1999, S.6). An guten Standorten in Afrika können bereits Stromgestehungskosten von 12 DPf/KWh angesetzt werden. Ausgehend von diesen Kosten, die bereits heute einem Vergleich mit konventionellen Kraftwerken standhalten, wird die Möglichkeit einer Stromversorgung durch Solarstrom aus Nordafrika bereits diskutiert.

Gregor Czisch berechnet für die Stromerzeugung und den anschließenden Transport nach Europa einen KW/h Preis von 15 PF/KWh für Mitteleuropa. Der Strom würde dabei aus der afrikanischen Wüste mit 5000 km langen Überspannleitungen nach Mitteleuropa transportiert. Prinzipiell würde ein kleiner Prozentsatz der reinen Wüstenfläche ausreichen, um den Strombedarf aller EU-Staaten zu decken. Zumindest aus technischer und wirtschaftlicher Sicht wäre mit solchen Kraftwerken eine theoretische Stromversorgung Europas aus Afrika bereits heute möglich (Czisch, 1999, S.7).

Solche Lösungsansätze ergeben sich, da ein wirtschaftlicher Einsatz solarthermischer Kraftwerke nur in sonnenreichen Gebieten mit einer Direktstrahlung von über 1800 KWh/(m2a) möglich ist, so dass nur Standorte südlich des 40. Breitengrades dafür in Frage kommen.

Aber in zahlreichen Regionen von Kalifornien bis Südspanien oder Süditalien, von Indien bis Brasilien, von Australien bis Mexiko können sie bereits eingesetzt werden. Beispielsweise könnte Italien und Spanien ihren gesamten Strombedarf durch solarthermische Stromgewinnung aus eigener Fläche decken (Scheer, 1993, S.124). Uninteressant sind solche Kraftwerke jedoch für Mitteleuropa.

Solarthermische Wärmenutzung durch Solarkollektoren, mit denen der Warmwasserbedarf und Hauswärme erzeugt werden, sind jedoch auch in Mitteleuropa weit verbreitet. Ihr Einsatz reicht von der Warmwasseraufbereitung für Ein- und Mehrfamilienhäuser über die Heizungsunterstützung bis hin zur Beckenwassererwärmung von Freibädern.

Deutschland ist mittlerweile der größte Markt für solarthermische Anlagen weltweit (www.bioenergie.de. Insgesamt kommen wir in Deutschland auf 2,5 Millionen m² installierter Anlagen bis Ende 1999 (DFS, ZFS). Dies entspricht immerhin einer Nutzenergiebereitstellung von 1.000 GW/h pro Jahr und einer CO2-Minderung von 840.000 Tonnen/Jahr im Vergleich zur Energiebereitstellung aus einem konventionellen Kohlekraftwerk (Frithjof, Staiß, 2000, S.53).

Die Potentiale solarthermischer Anlagen sind nahezu unbegrenzt. Für Deutschland berechnet Kaltschmitt (Kaltschmitt, Wiese, 1997, S.162 ff.) ein theoretisches Nutzungspotential (Dachflächen und Freiflächen) von 3268 und 4945 PJ/a, was die Nachfrage nach Raum und Prozesswärme sowie Warmwasser erheblich übersteigt.

Jedoch ist eine Installation von solarthermischen Anlagen besonders in Städten schwierig, da Gebiete mit einer hohen Bebauungsdichte nicht genügend Freifläche zur Verfügung haben. Auch das saisonale Schwankungsangebot reduziert das solarthermische Bereitstellungspotential, da zum Ausgleich der hohen Verluste im Winter mehr geeignete Fläche benötigt wird.

Zusammengenommen könnte Solarthermie jedoch 30 Prozent zur Deckung von Raum- und Prozesswärme sowie Warmwasser beitragen und somit einen bedeutenden Beitrag zum Klimaschutz leisten. Dies entspricht immerhin einer substituierbaren RÖE-menge von 17 Millionen Tonnen (Kaltschmitt, Wiese, 1997,S.165) pro Jahr. Bezogen auf den Endenergieverbrauch in Deutschland entspricht das ca. 8%.

Die Energiegestehungskosten dieser Anlagen sind für Mitteleuropa noch sehr hoch, wobei aber recht große Schwankungen zwischen den einzelnen Ländern auftreten. Für Deutschland werden die Stromgestehungskosten zwischen 36 Pf/KW/h (Kaltschmitt, Wiese, 1997, S.173) und 48 Pf/KW/h (Fritjhof, Staiß, 2000, I–59) angegeben. Die Kosten sind also erheblich höher als bei der konventionellen Energiebereitstellung. Jedoch sollten diese Werte nicht als allgemeingültige Mittel- oder Richtwerte angesehen werden. In speziellen Anwendungsfällen können erhebliche Abweichungen auftreten. Beispielsweise liegt der solare Wärmepreis bei Freibädern zwischen 7 und 10 Pf/KWh. Damit kann eine solare Freibadwassererwärmung bereits heute kostengünstiger sein als eine konventionelle Beheizung (Kaltschmitt, Wiese, 1997, S. 172).

Anhand der Tabelle 20 können die Wärmegestehungskosten einer solarthermischen Warmwasserbereitstellung berechnet werden.

Tab.19

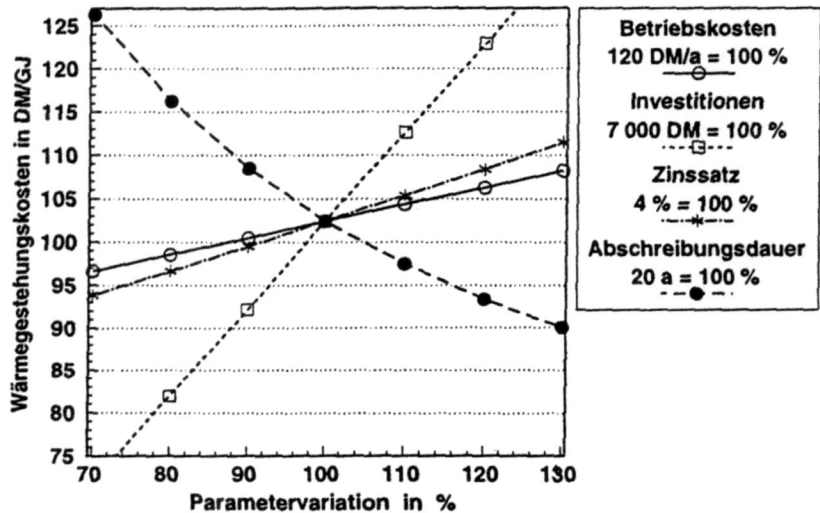

(Quelle: Kaltschmitt1993:173)

Die einzelnen Komponenten der passiven Solarenergienutzung sind aber noch deutlich entwicklungsfähig und lassen auch deutliche Kostenreduktionen für die Zukunft erwarten, was die Anlagen sicherlich bedeutend konkurrenzfähiger macht. Einen wichtigen Beitrag übernimmt dabei eine Breiteneinführung, die im Hinblick auf die bereits weit fortgeschrittene solare Bauwirtschaft bevorstehen mag.

8.6.2. Solares Bauen

Solares Bauen hat in den letzten Jahren einen enormen Auftrieb erhalten und stellt durch die gestiegenen Energiepreise und die Effizienzsprünge, die bei den Dämmmaterialien erreicht wurden, heute eine nicht nur ökologisch, sondern auch wirtschaftlich sinnvolle Alternative zum konventionellen Hausbau dar.

Die Solarenergie kann durch passive Nutzung in Gebäuden – durch eine entsprechende Ausrichtung des Entwurfs nach dem Sonnenlicht und dessen Ausnutzung durch Lichtplanung, durch neue Fassaden und Baumaterialien zur Wärmespeicherung und zur Kühlung, durch Wärmeaustauschsysteme, Nutzung der Glasflächen zur Energiegewinnung und durch Solarkollektoren – so effizient genutzt werden, dass bei den sogenannten Passivhäusern 90 Prozent der Heizkosten gespart werden können. Diese Passivhäuser haben sich mittlerweile auch in Mitteleuropa weit verbreitet, denn die Mehrkosten, die durch den Neubau entstehen, lassen sich, wie Beispiele zeigen – durch die eingesparten Energiekosten über einen längeren Zeitraum ausgleichen.

8.6.2.1. Passivhäuser

Die Bezeichnung Passivhaus geht nicht nur auf die passive Nutzung der Sonnenenergie zurück, also ohne den Einsatz von Techniken wie Solarkollektoren, sondern auch darauf, dass kein aktives Heizsystem mehr benötigt wird.

Die zahlenmäßige Definition eines Passivhauses lautet:
Maximaler Heizwärmebedarf: 15 kWh/m²a
Maximaler Primärenergiekennwert: 120 kWh/m²a

Im Vergleich dazu liegt der Heizenergieverbrauch in herkömmlichen Einfamilienhäusern zwischen 160-300 kWh/m²a, was in etwa das 10 bis 20igfache eines Passivhauses bedeutet.

Der Mehrkostenaufwand, der sich aus der zusätzlichen Wärmedämmung, den Superfenstern und der Lüftungsanlage mit Wärmerückgewinnung ergibt, ist mit den kompletten Kosten einer Heizungsanlage einschließlich Brenner, Öllager, Heizleitungen und Heizkörpern gegen zu rechnen. Bei einem einfachen Kostenvergleich, die Anton Graf anstellt, ergeben sich unbedeutende Mehrkosten in Höhe von rund 7000 Euro für das Passivhaus. Drei Dinge bleiben dabei aber unberücksichtigt: die eventuelle Anschaffung von Solaranlagen (nicht zwingend), die Ersparnis aus den Energiekosten und die Bauweise (Graf, 2000, S.28).

Beim Passivhaus ist zu beachten, dass sich die monatlichen Energiekosten erheblich reduzieren und somit positiv zur Wirtschaftlichkeit von Passivhäusern beitragen.

Verschiedene Vergleiche von Passivhäusern, die sich in den Ländern Österreich, Deutschland und der Schweiz befinden und bereits seit Jahren bewohnt werden, lassen einen eindeutigen Schluß zu: Das Passivhaus ist bereits heute, obwohl wir uns erst am Anfang einer Breiteneinführung befinden, durch seine Wirtschaftlichkeit, seinen Wohnkomfort, das es den Bewohnern bietet und durch seine Umweltfreundlichkeit im Sinne einer nachhaltigen Energiepolitik dem konventionellen Haus vorzuziehen.

Einen Schritt weiter gehen die sogenannten „autarken Passivhäuser", die sich durch eine absolut unabhängige Energieversorgung auszeichnen. Dabei wird jeglicher Energieverbrauch - von der Heizung bis zum Strom für das Kochen - aus Solarenergie gewonnen. Die Stromerzeugung wird dabei von der hausinternen Photovoltaikanlage übernommen, die Wärmeversorgung von an den Außenwänden angebrachten Solaranlagen.

Beispiel eines autarken Passivhauses: Domat/Ems(CH)

Das Konzept eines autarken Passivhauses kommt beispielsweise bei den Häusern von Architekt Dietrich Schwarz, Domat/Ems (CH), zur Anwendung.

Der Architekt schlug dabei gänzlich neue Wege ein, er konstruierte das Haus insgesamt als Sonnenkollektor.

Sein wichtigstes Mittel dabei ist die Transparente Wärmedämmung, die an allen vier Wänden eingesetzt wurde, nach Süden, Osten und Westen im Solarwandsystem, in Norden als Direktgewinnsystem.

Die Erwärmung des Hauses übernimmt dabei die Sonne, deren Energie entweder direkt durch die Solarkollektoren oder indirekt durch die Erwärmung des Fußbodens und der Außenwände genutzt wird. Die Lüftungsanlage mit Erdregister und Wärmetauscher sorgt für ausreichend Frischluft. Im Nachheizregister der Zuluft ist eine 4kW Widerstandsheizung eingesetzt, die aber durch eine Wärmepumpe ersetzt werden soll. Auch der 1000 Liter Brauchwasserspeicher wird neben den Flachkollektoren elektrisch beheizt.Die dabei eingesetzte elektrische Energie stammt aber nicht aus Großkraftwerken, sondern von der großen Photovoltaikanlage, die auf den südlichen Dachflächen montiert ist.

Bei diesem Haus wird im Jahresmittel auf die beschriebene Art der gesamte Energiebedarf einschließlich Haushaltsstrom durch Sonnenenergie gedeckt. Und das, obwohl das Haus im Winter von den gegenüberliegenden Bergen so verschattet wird, dass pro Tag nur zweieinhalb Stunden die Sonne scheint!

Die Baukosten werden mit 6.812 CHF angegeben, was in etwa das doppelte eines normalen Passivhauses darstellt. Der Architekt beschränkte sich dabei aber nicht auf die Energiefragen, sondern versuchte das Haus in allen Details auch gestalterisch anspruchsvoll zu konzipieren, was sicherlich zu den hohen Baukosten geführt hat. Zusätzlich wurden dabei vielfach Technologien verwendet, die speziell für dieses Haus entwickelt wurden, vergleichsweise teuer sind und somit nicht als Maßstab für die zukünftigen Passivhäuser hergenommen werden können.

Das Interessante an diesem Haus ist aber die Idee, ein autarkes Passivhaus zu bauen und damit ein Vorzeigeobjekt für solares Wohnen zu schaffen (Graf, 2000, S.100).

Obwohl die Kosten der Photovoltaischen Stromerzeugung noch keineswegs wirtschaftlich sind, so ist doch der Versuch an sich wertvoll, eine Pionierleistung im solaren Wohnungsbau zu erbringen und die Möglichkeit einer solaren und dezentralen Energieversorgung anhand eines solchen Passivhauses aufzuzeigen.

Obwohl dieses Passivhaus heute noch Modellcharakter besitzt, so wird doch eines ganz klar zum Ausdruck gebracht: Die konventionelle Energieversorgung mit fossilen Brennstoffen ist keineswegs unüberwindlich und kann bereits heute, auch in Hinsicht auf ihre Wirtschaftlichkeit, mit dem Konzept des Passivhauses durch eine solare und dezentrale Energieversorgung ersetzt oder fast gänzlich vermieden werden.

Verhindert werden solche Projekte immer wieder durch die fehlende politische Bereitschaft, neue Wege in der Energieversorgung zu gehen und somit den verkrusteten „fossilen" Strukturen ein Ende zu setzen.

Dass solche Passivhäuser aber bereits heute wirtschaftlich sind, wird eindrucksvoll von den bestehenden Projekten belegt (vgl. Graf, 2000).

8.7. Photovoltaik

Von der Photovoltaik geht wohl die größte Faszination unter den erneuerbaren Energieträgern aus. Die Tatsache, dass täglich 15.000 mal mehr Energie von der Sonne die Erde erreicht, als die gesamte Weltbevölkerung am Tag verbraucht, lässt die Photovoltaik wahrlich zum größten Hoffnungsträger der Energieversorgung werden. Neben diesem scheinbar unbegrenztem Potential zeichnet sich die Photovoltaik gegenüber allen anderen Energietechnologien durch die ausgesprochen vielfältigen Anwendungsmöglichkeiten aus.

Technisch ist vom solaren Taschenrechner bis zum Multimegawatt – Solarkraftwerk alles möglich. Weltweit wird bereits das gesamte Spektrum wie solare Armbanduhren, Taschenrechner, Radios, die Versorgung von Garten-Ferienhäuser, Autos, professionelle Kleingeräte wie Verkehrsüberwachungssysteme oder Parkscheinautomaten, netzgekoppelte Anlagen auf Gebäudedächern oder an Fassaden und Großanlagen bis zur Megawatt-Klasse angeboten und verwendet.

In Deutschland hat sich beispielsweise der Photovoltaikmarkt in den letzten Jahren verzwanzigfacht, aber der solare Beitrag zur Stromerzeugung ist mit 50 GWh bzw. 0,01 Prozent noch außerordentlich bescheiden. Deutschland ist mit seiner bis Ende 1999 installierten Leistung von 65 MW hinter Japan mit 133 MW und den USA mit 100 MW international auf Platz drei (Weiß, Sprau, 1998).

An diesen Bezugsgrößen kann man ablesen, wie klein der Photovoltaikmarkt heute im Vergleich noch ist. Die Entwicklung der Photovoltaik begann vergleichsweise spät, dennoch wurden die Kosten bereits seit 1990 in etwa halbiert (Frithjof, Staiß, 2000, I – 59).

8.7.1. Potential

Allein für Deutschland errechnen Kaltschmitt und Wiese (1997, S.227) ein theoretisches Erzeugungspotenzial zwischen 40 und 120 TWh/a auf solartechnisch nutzbaren Dachflächen und zwischen 179 und 527 TWh/a auf Freiflächen (Flächen, die nicht genutzt werden). Die großen Variationen resultieren aus den unterschiedlich

zugrunde gelegten Techniken. Bezogen auf die Bruttostromerzeugung in der BRD im Jahr 1999 (520,0 TWh) entspricht dieses Potential einem Anteil von 7,5 – 22,6 Prozent auf Dachflächen und 34 – 99 Prozent auf Freiflächen (Kaltschmitt, Wiese, 1997, S.228). Dieses theoretische Potential reduziert sich aber erheblich, wenn der durch erhebliche Angebotsschwankungen entstandene Speicherbedarf vermieden und zusätzlich ein gewisses Mindeststromangebot von konventionellen Kraftwerken gedeckt werden soll, um die Angebots- bzw. Nachfrageschwankungen auszugleichen. Gemessen an diesen Berechnungsgrundlagen reduziert sich das Potential auf 4 – 20 Prozent der Bruttostromerzeugung in Deutschland.

Auf in etwa dasselbe theoretische Potential kommt Quaschning mit 95 TW/h für Deutschland und 470 TWh für die EU, immer unter der Annahme, dass in allen EU-Ländern etwa dieselbe Dachfläche zur Verfügung steht wie in Deutschland (Quaschning, 2000). Bei einer Bruttostromerzeugung von 2200 TWh/a in der EU entspricht dieses Potential circa 20 Prozent des erzeugten Stroms.

Energie und Emissionsbilanz und Flächenbedarf:

Die Installation einer Photovoltaikanlage ist mit einer sehr hohen Materialbindung und einem entsprechend hohen Ressourcenverbrauch verbunden. Die photovoltaische Energieumwandlung ist unter den heute gebräuchlichsten EE zweifellos die „teuerste Option". Im Vergleich zu einer Windkraftanlage ist die sogenannte Energiebilanz zwischen 10 und 15 mal höher. Eine andere Kennzahl, die gerade in Bezug auf die Photovoltaik ausschlaggebend ist, ist der sogenannte primärenergetische Erntefaktor der angibt, wie vielmal mehr primärenergetisch bewertete Nutzenergie durch eine Technik zur Nutzenergiebereitstellung zur Verfügung gestellt wird, als zu ihrer Herstellung, ihrem Betrieb und ihrer Entsorgung aufgewendet werden muß. Die Photovoltaik hat mit einem Erntefaktor von 1,8 – 4,2 eine sehr geringe Ausbeute. Auch die CO_2-Emissionsbilanz ist vergleichsweise hoch und liegt mit 144 – 320 Tonnen/GW/h weit über der einer WEA mit 18 – 38 Tonnen/GW/h.

Obwohl die Nutzungspotentiale von Photovoltaikanlagen geradezu riesig sind und die Anwendungsmöglichkeiten schier unbegrenzt, so lässt die Effizienz dieser Energieumwandlungstechnik doch auch berechtigte Bedenken zu, obwohl gerade in der Photovoltaik in den nächsten Jahren die größten Effizienzsprünge zu erwarten sind. (vgl. Scheer, 1999).

Kosten:

Die Stromgestehungskosten bei photovoltaischer Energieumwandlung sind in hohem Maße standortabhängig. Je nach Standort und Größe der Anlage werden die durchschnittlichen Stromgestehungskosten in Deutschland mit 135 DPf/KWh und in Algerien bzw. Marokko mit 85 DPf/KWh angegeben (Czisch, 2000, S.9).

Die Kostenreduktionen für Photovoltaikstrom waren in den letzten Jahren jedoch sehr groß, deshalb sind auch für die nächste Zukunft erhebliche Reduktionen zu erwarten. In welchem Umfang es möglich sein wird, die Kosten zu reduzieren lässt sich aber nicht sicher abschätzen. Diese Unsicherheit zeichnet sich auch unter den verschiedenen Wissenschaftlern ab, die das Kostenreduzierungspotential sehr unterschiedlich beziffern. In einem Zeitraum bis 2030 gehen die Prognosen auf eine Reduktion zwischen 50 – 90 Prozent der heutigen Kosten hin (vgl. Scheer, 1999, Frithjof,Staiß, 2000, I–179).

Tab.20: Stromgestehungskosten bei Photovoltaikanlagen

(Quelle: Kaltschmitt, 1997)

Diese hohen Kosten werden insbesondere durch den intensiven Materialaufwand für Photovoltaikanlagen verursacht, der die Stromgestehungskosten in Relation zu anderen EE noch vergleichsweise hoch erscheinen lässt.

Der große Vorteil der Photovoltaikanlagen lässt sich aber trotz der hohen Stromgestehungskosten schon heute erahnen. So stellt beispielsweise eine Photovoltaikanlage in Insellagen bzw. nicht vernetzten Gebieten bereits eine sinnvolle Option dar. Der Ausgleich zwischen Angebot und Nachfrage des Photovoltaikstroms wird hierbei durch ein Batteriesystem erreicht und somit eine völlig autarke Stromversorgung gewährleistet. Die hohen Transport- bzw. Infrastrukturkosten, die für entlegene Gebiete anfielen, können durch eine Nutzung von Photovoltaikanlagen gänzlich vermieden werden und stellen deshalb bereits heute eine auch wirtschaftlich interessante Möglichkeit dar (Gerhard,Schmitz, 1999, S.125).

Gerade dieser große Vorteil einer photovoltaischen Eigenversorgung für „Inselanlagen" wird auch von Hermann Scheer verschiedentlich angeführt (Scheer, 1999, S. 244f). Einen Bremser erhalten die Photovoltaikoptimisten in einem Artikel von Saral Sarkar (Sarkar, 1999), der die Photovoltaiktechnologie als „Parasiten" bezeichnet, die nur auf Grund hoher Kosten anderer Ressourcen Strom aus Solarenergie umwandeln kann. Er bezweifelt die Sinnhaftigkeit einer Technik, deren Energieinput gleich oder sogar höher ist, als deren Energieoutput. „If we accept the claim that the energy pay – back time of photovoltaic technology ist 10 or 7 years, will that - after meeting all our ohter needs – leave us with enough surplus energy for running all the industries necessary to reproduce the solar power plants every 20 years? I doubt very much. It ist too cheap to say that a technological breakthrough will come soon. It may or may not come. In any case, we cannot build up today a whole vision of " a solar world economy" (Scheer 1999) on the basis of that expectations" (Sarkar, 2000).

Neben Sarkar bringt auch der Autor Georgescu Roegen Bedenken gegen die materialintensive Photovoltaiktechnik ein.

Im Vergleich zu den meisten anderen EE ist die photovoltaische Stromumwandlung noch sehr umstritten und wird aus den oben genannten Gründen von verschiedenen Seiten abgelehnt bzw. in Frage gestellt. Es ist zur Zeit auch noch nicht klar, welche Solarzelle sich bei der photovoltaischen Stromerzeugung durchsetzen wird, weswegen auch eine Massenproduktion nicht in Gang kommt (Schmitz, 1999, S.127).

Aus diesen Gründen wird auch noch einige Zeit abzuwarten sein, um genauere Schätzungen zur zukünftigen Entwicklung der Photovoltaik vorzunehmen, was aber keinesfalls bedeutet, dass die Forschung und Entwicklung zur Nutzung dieser solaren Energieumwandlung nicht weiterhin intensiv vorangetrieben werden muss.

8.8. Wasserkraft

Mit Wasserkraft werden heute etwa 20 Prozent der weltweiten Stromerzeugung hergestellt. Damit entfallen circa 97 Prozent der regenerativen Stromerzeugung auf die Wasserkraft (Voigtländer, Gattinger, 1999, S.16).

In Europa, hier verstanden als Westeuropa, Mitteleuropa und GUS, betrug die gesamte Stromerzeugung des Jahres 1995 rund 4.300 TW/h. Wasserkraft trug in diesem Bezugsjahr 19 Prozent der gesamten Leistung bei. In nahezu allen europäischen Ländern sind Wasserkraftwerke in Betrieb, die zur dortigen Stromerzeugung einen beträchtlichen Umfang beitragen. Besonders hoch ist der Anteil an Wasserkraft in Norwegen, wo beinahe 100 Prozent der Stromerzeugung aus Wasserkraft stammen.

8.8.1. Potential und Kosten

Das Wasserkraftpotential ist derzeit weltweit ganz unterschiedlich erschlossen. Beispielsweise sind in Westeuropa die Potentiale nur noch begrenzt ausbaufähig, da man bereits eine relativ gute Ausbaudichte erreicht hat. Allerdings gibt es gerade in Osteuropa noch ein hohes Potential, die Stromerzeugung aus Wasserkraft weiter auszubauen. Insgesamt wird in Europa mit GUS von einem wirtschaftlich verwertbaren Wasserkraftpotential, Wasserkraft, die unter gegebenen Umständen wirtschaftlich ausbaufähig ist; von 2100 TWh/a ausgegangen. Die größten Potentiale liegen dabei in Russland, wo sich aber der Großteil der Potentiale weit ab von den Verbrauchszentren, vor allem im asiatischen Raum befinden (Voigtländer, P., Gottinger M., 1999,S. 521). Dies entspricht 48,8 Prozent der Stromerzeugung von

1995 in diesen Ländern und 36 Prozent der erwarteten Stromerzeugung im Jahr 2010. Ungefähr von den gleichen Potentialen kann in Amerika und Asien ausgegangen werden, wo man jeweils auf ca. 2100 TWh wirtschaftlich erschließbarem Potential zurückgreifen kann. Am niedrigsten wird heute das wirtschaftlich ausbaufähige Potential in Afrika und Nahost eingeschätzt, obwohl mit einer Ausschöpfung dieses Potentials in Höhe von 1000 TWh um etwa 60 Prozent bereits der gesamte afrikanische Stromverbrauch im Jahr 2010 gedeckt werden könnte. Weltweit wird das wirtschaftlich verwertbare Potential auf 9000 TWh geschätzt,

Tab.21

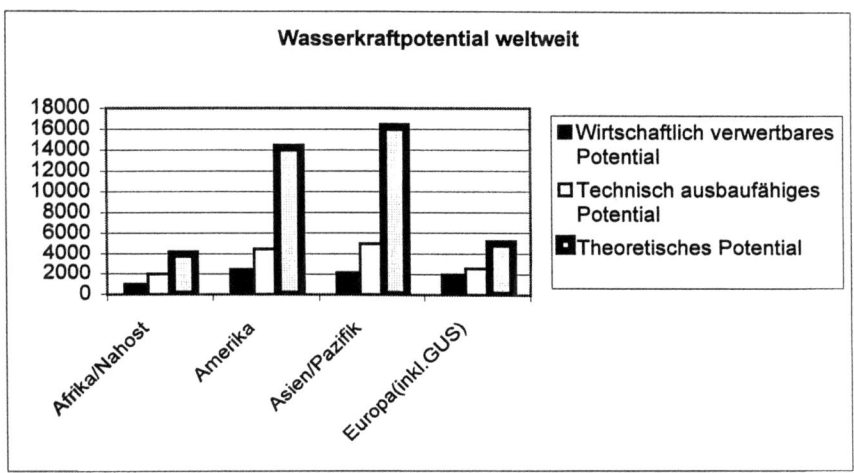

(Quelle: Knies 1999:19)

was circa 60 Prozent des weltweiten Stromverbrauches entspricht (Voigtländer, Gottinger, 1999, S.16).

Kosten:

Die Stromgestehungskosten für Wasserkraft werden von verschiedenen Einflussgrößen bestimmt. Je nach Auslastung und Größe des Kraftwerkes kann man von Stromgestehungskosten zwischen 8 und 16 Pf/KWh ausgehen. Besonders hoch sind aber die Kosten für Kleinstkraftwerke mit einer Leistung von 50 KW, die zwischen 19 und 34 Pf/KWh liegen. Bei den Stromgestehungskosten für Wasserkraftanlagen sind die Berechnungen der verschiedenen Autoren relativ einheitlich, da diese Art der Stromerzeugung bereits weitgehend ausgereift ist. Daher sind auch keine großen Effizienzsteigerungen mehr zu erwarten, die die Kosten deutlich beeinflussen könnten.

Tab.22: Stromgestehungskosten von Wasserkraftanlagen

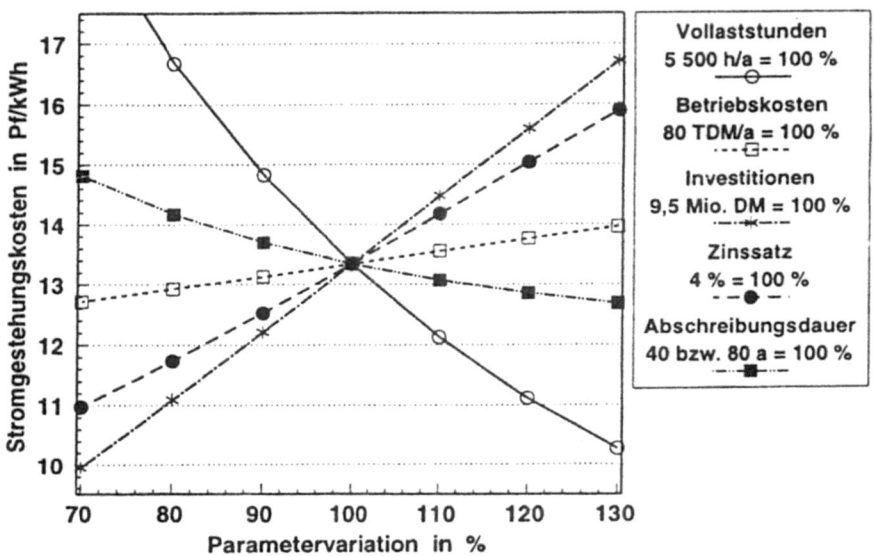

(Quelle: Kaltschmitt 1997)

Die Wasserkraft weist unter allen EE die beste Energiebilanz aus. Der primärenergetische kumulierte fossile Energieaufwand liegt bei 4 Prozent eines vergleichbaren Erdgaskraftwerkes. Dementsprechend ist die Wasserkraft auch durch den höchsten Erntefaktor gekennzeichnet. Auch der erzeugte CO_2 Ausstoß pro erzeugten GWh liegt bei der Stromerzeugung aus Wasserkraft bei nur 9 Prozent der CO_2-Emissionen eines Erdgaskraftwerkes. Nimmt man die Stromerzeugung aus Wasserkraft vom Jahr 1995 (2460 TWh/a) als Bezugsgröße, so lässt sich eine jährliche CO_2 Ausstoßersparnis von 1 – 2 Milliarden Tonnen in Bezug auf konventionelle Kraftwerke berechnen (Kaltschmitt, 1997,S.439).

8.8.2. Umweltaspekte

Obwohl die Emissionsbilanz im Zusammenhang mit der Klimaerwärmung bei Wasserkraft besonders positiv ist und der Erntefaktor der Höchste unter den regenerativen Energieumwandlungstechniken, so sind mit der Wasserkraftnutzung trotzdem auch negative Umweltaspekte verbunden, die sich je nach Größe der Anlage verschiedentlich auf die umliegende Natur und die dort lebenden Menschen auswirken können. Grundsätzlich kann aber davon ausgegangen werden, dass besonders große Kraftwerke und die damit verbundenen Stauseen negative Auswirkungen auf die Umgebung haben.

Besonders die Stauhaltung bei solchen Großanlagen wirkt sich erheblich auf die Lebensbedingungen in den betroffenen Flussabschnitten und angrenzenden Naturräumen aus.

Neben den Stromanlagen wirken Turbinen wie Barrieren, die eine Veilzahl von im Wasser lebenden Tieren an ihrer Laichwanderung oder an der Wanderung nach neuen Nahrungsplätzen hindern. Aber auch für Menschen, die an den Flüssen leben, hat eine Stauung bzw. ein Turbinenbau verschiedene Konsequenzen. Durch die Änderung der Tiervielfalt bzw. Pflanzenvielfalt an den Flussufern wird ihnen oft die Lebensgrundlage entzogen, oder sie müssen wie bei Großprojekten oft umgesiedelt werden und verlieren so Grund und Boden. Diese Großprojekte sind es auch, die der Nutzung von Wasserkraft einen negativen Beigeschmack verleihen und die Vorteile, die die Energiebereitstellung aus Wasserkraft so wertvoll machen, in vielen Fällen in den Hintergrund rücken lassen.

Neben diesen Faktoren sind der steigende Trinkwasserbedarf einer wachsenden Weltbevölkerung und die zunehmende landwirtschaftliche Nutzung von Wasser sowie umweltschonende Maßnahmen begrenzende Faktoren, die den Ausbau der Wasserläufe für energetische Zwecke begrenzen.

Dennoch ist der positive ökologische Beitrag von Wasserkraftanlagen in den Vordergrund zu stellen, der sich gerade bei dezentralen Kleinanlagen am deutlichsten darstellt.

8.9. Geothermie

Die Möglichkeit, den ständig unter der Erdoberfläche fließenden Wärmestrom zu nutzen, ist auf verschiedene Weise möglich. Obwohl diese Energienutzung nicht weitläufig bekannt ist, so sind heute weltweit 10.000 MW thermische und 8.000 – 9.000 MW elektrische Leistung installiert. Bemerkenswert dabei ist, dass geothermische Kraftwerke etwa 8000 h Betriebsstunden pro Jahr erreichen und deswegen heute weltweit mehr Strom erzeugen als alle Windenergieanlagen und Solarkraftwerke zusammen (Staiß, 2000, I–62).

Die Wirkungsweise dieser geothermischen Kraftwerke, die über Bohrungen das im Erdinneren vorhandene Energiepotenzial nutzen (3000 – 4000 m), ist recht einfach: Entweder wird die im Stein gespeicherte Energie genutzt, (petrophysikalische Systeme), indem durch ein in die Tiefe verlegtes Rohr Wasser eingeleitet wird, das sich durch die zunehmende Temperatur erwärmt, oder das in oft großen Tiefen verkommende heiße Wasser (Hydrothermale Systeme) wird an die Oberfläche gefördert, die Energie durch Wärmepumpen genutzt und dann wieder über ein 2. Bohrloch zurückgeleitet, um nicht die Thermalwasserspeicher zu leeren. Je nach Temperatur kann entweder eine Dampfturbine zur Stromerzeugung genutzt werden oder die Wärmeenergie wird über einen Wärmetauscher an einen „sekundären Heizkreislauf abgegeben."

Neben der Tiefengeothermie gibt es die bekanntere oberflächennahe Geothermie. Im Gegensatz zur Nutzung von warmen oder heißen Wässern aus dem tiefen Untergrund dienen hier als Wärmereservoirs Grund- und Oberflächenwasser oder das Erdreich (Erdwärmekollektoren, Erdwärmesonden, Energiepfähle).

Um die geringen Temperaturniveaus nutzen zu können, werden Wärmepumpen eingesetzt, d.h. Wärmekraftmaschinen, die Wärme bei niedriger Temperatur aufnehmen und bei höherer Temperatur abgeben. Dazu wird bereits die Erdwärme in den obersten Schichten ausgenutzt (Kaltschmitt, Wiese, 1997, S.358 f.).

Durch verschiedene Techniken wird die aus diesen Schichten gewonnene Wärme dann zur Beheizung von Kleinfamilienhäusern bzw. Wohnsiedlungen genutzt. Der Wirtschaftlichkeit dieser Wärmepumpen kommt die Möglichkeit zu Gute, dass sie nicht nur im Winter zur Wärmebereitstellung, sondern auch im Sommer zur Erzeugung von Klimatisierungskälte genutzt werden können (Staiß, 2000,I–67). Ein weiterer Vorteil dieser Energienutzung besteht darin, dass diese Techniken nahezu in jedem Gebäude zur Energiebereitstellung genutzt werden können und somit ein besonders großes Anwendungspotential darstellen.

8.9.1. Potential und Kosten

Heute werden weltweit sowohl die oberflächennahe als auch die Teifengeothermie zur Energiebereitstellung genutzt. In Europa sind Tiefengeothermieanlagen besonders in Italien von großer Bedeutung (Staiß, 2000, I – 62), wo bereits nennenswerte Anlagen in Betrieb sind. In Deutschland spielt die Tiefengeothermie eine noch unbedeutenden Rolle (0,003 Prozent der Energieversorgung – zusammen mit der oberflächennahen Geothermie sind es 0,02 Prozent). Insgesamt sind 24 größere Anlagen mit etwa 50 MW Leistung in Betrieb was zu den 19.000 MW, die weltweit installiert sind, nahezu bedeutungslos ist, obwohl das Potential sehr hoch ist. So wird nach einer Untersuchung des Geoforschungszentrums Potsdam allein das Potential der nutzbaren hydrothermalen Wärme mit 29 Prozent des Wärmebedarfs in Deutschland berechnet (Ehrlich at. Al., 1998).

Ein ähnlich hohes Potential kann durch tiefe Erderwämesonden erzielt werden, die zwischen 1000 und 4000 m tief verlegt werden. Das Potential dieser Technik gibt Kaltschnitt mit 3010 PF/a, (Kaltschnitt, Wiese, 1997, S.407) also 33 Prozent des Endenergieverbrauches in Deutschland vom Jahre 1995, an. Die Möglichkeit des Einsatzes erdgekoppelter Wärmepumpen an der Oberfläche wird vom selben Autor mit 1022 Pf/a, also 11 Prozent des Endenergieverbrauches, berechnet (Kaltschmitt, 1997, S.365).

Kosten:

Die Kosten dieser Anlagentechniken variieren sehr stark voneinander, da die Kosten von einer großen Anzahl verschiedener Parameter beeinflusst werden. So ist beispielsweise für die hydrothermale Nutzung die Wassertemperatur ausschlaggebend, für die tiefen Erdwärmesonden die Abnehmerstruktur bzw. die Versorgung eines Neubaugebietes oder die Versorgung mit Prozesswärme usw. (vgl. dazu Kaltschmitt, 1997, S.245 ff.).

Jedenfalls kann aber ganzheitlich gesehen angenommen werden, dass die genannten Techniken bereits wirtschaftlich konkurrenzfähig sind und einen wertvollen ökologischen Beitrag leisten.

Anhand der Tabellen 24 und 25 kann man die Kosten der verschiedenen Techniken berechnen.Die oberflächennahe Thermie ist unter den beiden Möglichkeiten verständlicherweise die Günstigere, da sich die Kosten hauptsächlich aus den Bohrungen für die Nutzung von Wärme in tieferen Erdschichten ergeben.

Im Vergleich mit fossil gefeuerten Anlagen ist die Erdwärmenutzung deutlich teurer. Bei konventionellen Kleinkraftwerken kann man von 25-26 DM/GJ im Vergleich zu 25-60 DM/GJ bei geothermaler Wärmebereitstellung ausgehen. Unter sehr günstigen Vorraussetzungen kann eine hydrothermale Erdwärmenutzung aber in den Kostenbereich einer mit fossilen Brennstoffen befeuerten Anlage kommen.

Tab.23: Kosten für oberflächennahe Thermie

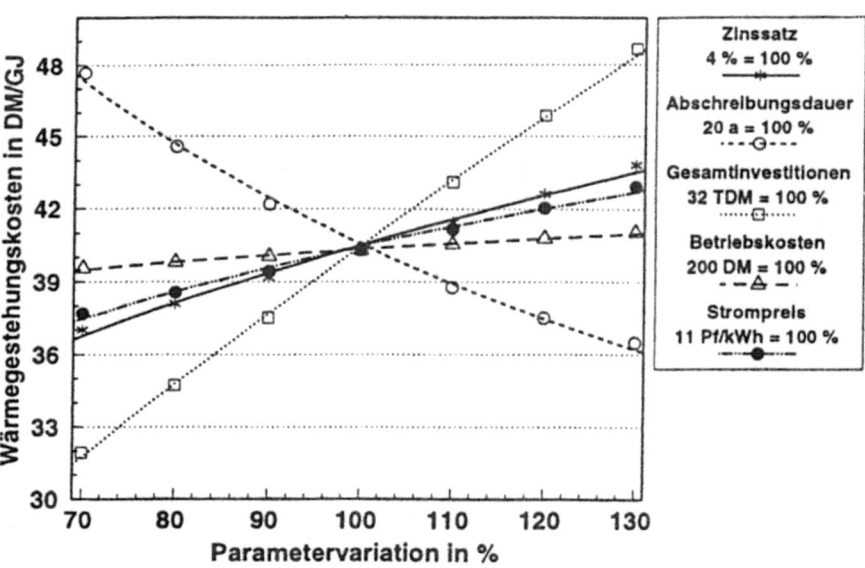

(Quelle : Kaltschmitt, 1997)

Tab.24: Kosten für Tiefengeothermie

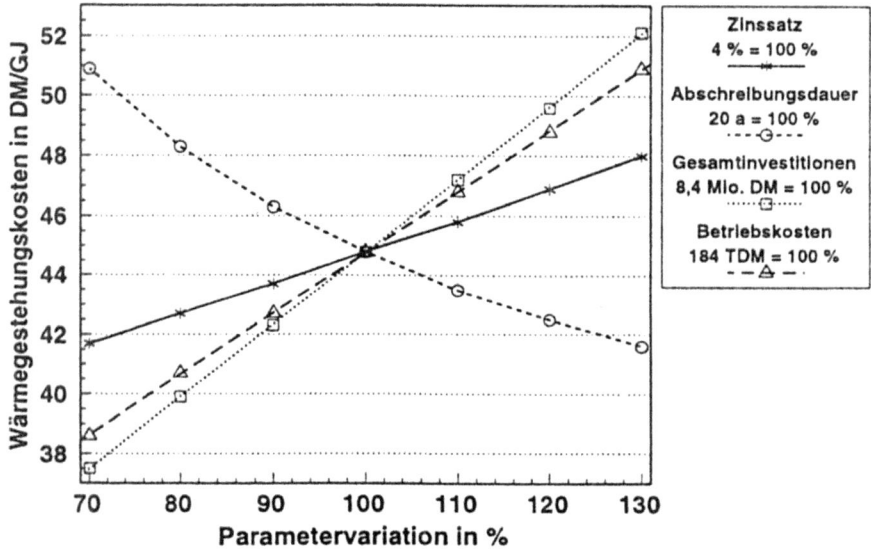

(Quelle: Kaltschmitt, 1997)

8.9.2. Umwelteffekte

Bei der Gewinnung terrestrischer Wärme finden weder chemische (d.h. keine Verbrennung) noch nukleare Vorgänge statt. Prinzipiell kann man von (fast) jedem Punkt der Erdoberfläche aus die Erdwärme nutzen und die Abhängigkeit von Energieimporten mindern bzw. die Verbrennung fossiler Rohstoffe vermeiden. Die Folgen auf die natürliche Umwelt sind durch die terrestrische Wärmenutzung gering, da weder Abgase bei Verbrennung, noch intensive Eingriffe auf die Natur entstehen. Beim Einsatz von Oberflächenanlagen können diese leicht an die Landschaft angepaßt werden und zudem werden weder Abgase noch Lärmbelästigung verursacht. Durch die lokale Anlageninstallation direkt auf der Energiequelle entfallen die mit dem Energietransport üblicherweise verbundenen Umweltbelastungen. Zusammengenommen sind damit die mit der Energiegewinnung verbundenen Belastungen als gering einzustufen (vgl. Kaltschmitt, 1997, S.345 ff.). Auf jeden Fall führt die Erdwärmenutzung zu beträchtlichen Einsparungen an Primärenergie und so zur Schonung begrenzter Ressourcen.

8.10. Wasserstoff

Wasserstoff wird von einer Reihe von Wissenschaftlern als Energieträger der Zukunft gesehen. Dabei werden unterschiedliche Gründe, die für eine Verwendung von Wasserstoff sprechen, angeführt:
- Transport großer Energiemengen über weite Entfernungen
- Energiespeicher für fluktuierende regenerative Energien
- Energiespeicher zur zeitlich besseren Auslastung von Kraftwerken
- Energieversorgung von Inselanlagen
- Treibstoffspeicher für Luft- und Straßenverkehrsfahrzeuge
- Verlagerung von Schadstoffemissionen aus dicht besiedelten Gebieten
- Chemierohstoff
- Veredelung von Kohle, Schweröl und Ölsand
- CO_2-verminderte Verbrennung fossiler Brennstoffe durch Kohlenstoffabspaltung (Schmitz, 1998, S.124).

Grundsätzlich muss festgehalten werden, dass Wasserstoff selbst keine Primärenergie ist, sondern aus fossilen Brennstoffen oder mit Hilfe regenerativer Energien erzeugt werden kann. Er ist damit ein transportabler und speicherbarer Sekundärenergieträger, der den anderen Energieträgern die oben genannten Vorzüge aufweist.

Gegen eine verstärkte Nutzung von Wasserstoff werden folgende Argumente ins Feld geführt:
- Hohe Explosivität
- Fehlende Infrastruktur
- Gefahr, dass Wasserstoff aus Atomkraft hergestellt wird
- Einsatzfähigkeit in Motoren noch nicht reif
- Immense Kosten (Scheer, 1992, S.142).

In der Diskussion um einen Aufbau einer Wasserstoffwirtschaft müssen also die Gründe, die für und gegen den verstärkten Einsatz von Wasserstoff sprechen, besprochen werden.

8.10.1. Herstellung und Kosten von Wasserstoff

Wasserstoff kann entweder chemisch aus fossilen Energieträgern, elektrolytisch aus Wasser und biologisch aus Biomasse erzeugt werden. Gegenwärtig sind die elektrolytische Wasserstofferzeugung und die biologische verschwindend gering. Zu den wichtigsten industriellen Verfahren zur Herstellung von H gehört die Wasserdampfreformierung (Wasserspaltung) vor allem von Erdgas, Öl und Kohle. Dabei wird dem Kohlenwasserstoff bzw. der Kohle Wasserdampf zugeführt. Unter Wärmezufuhr und bei Druck zwischen 2 – 3 MPa bildet sich daraus Kohlenmonoxid und Wasserstoff. In einer zweiten Reaktion wird das Kohlenmonoxid CO zu CO_2 umgesetzt. Das entstandene Kohlendioxid wird absorptiv vom Wasserstoff getrennt, um reinen Wasserstoff zu erhalten.

CH_4 + 2 H_2O + Wärme ---> CO_2 + 4 H_2

Ein Beitrag zur CO_2-Minderung liefert der mit diesem Verfahren aus fossilen Energieträgern hergestellte H nicht, denn die erforderliche Wärme wird aus dem Brennstoff selbst bereitgestellt.

Mittlerweile gibt es aber Möglichkeiten, bei denen fossile Energieträger in Wasserstoff und Kohlenstoff in fester Form umgewandelt werden, also ohne CO_2-Ausstoß. Durch dieses sogenannte „Cracken" wird beispielsweise aus Methan Industrieruß hergestellt. Die hohen Temperaturen können auch durch Verbrennung eines kleinen Teils des erzeugten Wasserstoffes erreicht werden, so dass damit eine CO_2-frei Wasserstofferzeugung realisiert wäre. Das Problem dabei ist aber, dass aus circa 0,475 m^3 Erdgas und 1KWh elektrischer Energie 1 m^3 H hergestellt werden. 1 m^3 Wasserstoff aber nur die gleiche Wärmemenge erzeugt wie 0.3 m^3 Erdgas (Schmitz, 1998, S.125). Rein rechnerisch werden also 0,475 m^3 Erdgas und 1 KW/h Strom dazu verwendet, um den Wärmewert von 0,3 m^3 Erdgas zu erzeugen, allerdings ohne CO_2-Ausstoß. Norwegen ist an der Weiterentwicklung sehr interessiert, da es über große ungenutzte Wasserkraftreserven verfügt, mit deren Hilfe der Strom für den sogenannten Kvaerner Prozess erzeugt werden könnte. Aus ökologischer Sicht wird zwar der CO_2-Ausstoß vermieden aber der Ressourcenverbrauch dennoch fortgesetzt.

Elektrolytisch erzeugter Wasserstoff hingegen benötigt zur Herstellung Wasser und Strom. Wird der Strom in konventionellen Kohle-, Öl- oder Gaskraftwerken produziert, ist die Emissionsbilanz des elektrolytisch erzeugten Wasserstoffes sehr ungünstig. Sinn macht eine Wasserstoffproduktion daher nur mit Strom, der aus regenerativen Energien erzeugt wurde, wodurch die Kosten der Wasserstofferzeugung jedoch ansteigen. Anderseits könnte aber eine volle Auslastung der EE-Anlagen gewährleistet werden, die in Zeiten der Überproduktion Strom in Wasserstoff umwandeln könnten und somit, zu Zeiten hoher Nachfrage, Strom aus dem Speicher in Form von Wasserstoff holen. Besonders interessant könnte dabei die solare Inselversorgung sein, wo bei Spitzenzeiten bereits mehr Strom erzeugt wird, als abgenommen werden kann. Der produzierte Stromüberschuss kann zur Wasserstofferzeugung eingesetzt und für Zeiten mit geringer Stromproduktion gespeichert werden. Zum Beispiel könnten Windparks mit Elektrolysewerken kombiniert werden, um Schwankungen mit Wasserstoff betriebenen Reservekapazitäten auszugleichen (Scheer, 1992, S.144).

Großanlagen, die am Anfang der Wasserstoffdiskussion noch zur Debatte standen, werden mittlerweile viel kritischer gesehen, denn eine zentralisierte Wasserstoffproduktion an einigen Wüstenstandorten ist auch aus ökonomischer Sicht nicht tragbar. So müsste der Wasserstoff entweder über Pipelines nach Europa transportiert werden, was unweigerlich riesige Verluste verursachen würde. G. Schmitz errechnet für eine Wasserstofftransport nach Europa, dass von den ursprünglich 100 Prozent Strom in Nordafrika in Mitteleuropa maximal 44 Prozent ankommen. Diese hohen energetischen Verluste sind auf keinen Fall wirtschaftlich tragbar (Schmitz, 1998, S.129) noch ökologisch sinnvoll.

Schließlich ist noch zu berücksichtigen, dass für die Elektrolyse eine entsprechende Menge Süßwasser bereit gestellt werden ums, welches gerade in Wüstenregionen eine begrenzte Ressource darstellt. Bei einem Transport mittels Schiffen müsste der H zuerst auf $-252°C$ abgekühlt und in Tanks eingelagert werden.

In diesem Fall beträgt der energetische Verlust sogar 70 Prozent. Der Transport von Wasserstoff über weite Strecken fällt unter den heutigen Bedingungen wohl unter den Tisch, was eine zentralisierte Energieversorgung ein Mal mehr in Frage stellt. Autoren wie Hermann Scheer sehen die Zukunft des Wasserstoffes eben aus diesem Grund nicht in Großanlagen, sondern in dezentralen Anlagen, die ohne große Netzverbünde auskommen und die Energieversorgung regional organisieren (Scheer, 1993, S.142). Wasserstoff ist unter den derzeitigen Bedingungen noch viel zu wertvoll (teuer), um ihn einfach zu verbrennen. Deshalb, so Scheer, soll er gezielt in Kombination mit erneuerbaren Energie eingesetzt werden, um deren Auslastung zu erhöhen bzw. deren fluktuierendes Angebot gezielt auszugleichen.

Neben dem elektrolytisch und chemisch erzeugten Wasserstoff gibt es noch den biologisch erzeugten Wasserstoff. Bei dieser Art der Wasserstofferzeugung stellt sich nicht die Frage nach den Umwandlungsverlusten wie bei der Elektrolyse. Es gibt zwar verschiedene Methoden zur biologischen Wasserstoffgewinnung, die aber noch in einem sehr grundlegenden Stadium angewendet werden (reiß, 1995). An der Grenze zur kommerziellen Nutzung sind dagegen schon Verfahren, bei denen Wasserstoff aus Biomasse durch Gärungsprozesse erzeugt wird. Der Preis für den so erzeugten reinen Wasserstoff soll nach Bünger, at.al., (1995) um 0.05 DM/KWh betragen.

8.10.2. Anwendungsmöglichkeiten von Wasserstoff

Die vielversprechendste Anwendung für Wasserstoff liegt heute im Verkehrssektor, vor allem in Verbindung mit der Brennstoffzelle. Die Brennstoffzelle wird bereits erfolgreich von verschiedenen Autofirmen getestet. Daimler Chrysler hat beispielsweise bereits einige Prototypen von PKW`s (NECAR II, III, IV) ausgerüstet. Die Bemühungen der Autohersteller zur Entwicklung eines Wasserstoffautos werden aber nicht in Erwartung einer bevorstehenden Änderung von Energieversorgungssystemen vorangetrieben, sondern vor allem um Ballungszentren von den Abgasen zu entlasten. Initiator ist hierbei der Bundesstaat Kalifornien, der von den Autoherstellern fordert, dass ab 2003 10 Prozent Fahrzeuge ohne schädliche

Abgasemissionen sein müssen. Der Begriff „Zero-Emissionen" bezieht sich dabei aber natürlich nur auf die lokalen Emissionen, denn bei Elektrofahrzeugen werden die Emissionen lediglich von der Straße hin zum Kraftwerk verlagert, wenn Strom oder Wasserstoff nicht vollständig aus regenerativen Energien hergestellt werden (Schmitz 1995, S.134). Die globale Emissionsbilanz wird durch solche Maßnahmen sicherlich nicht verbessert.

Wasserstoff kann in diesen Fahrzeugen entweder flüssig (-252°C) oder gasförmig (240 bar) getankt werden.

Tab.25: Speicherkennwerte einzelner Kraftstoffe

Speicherkennwerte, basierend auf dem Energieäquivalent von 50 l Benzin

Kraftstoff	Volumen in l	Gewicht in kg
Benzin	61	42
Methanol	116	95
H2-flüssig	312	73
H2-Druck	835	400

(Quelle: Ganser, B. 1993)

Die Verflüssigung verursacht aber Verluste von etwa 30 Prozent, die Druckspeicherung von etwa 7 Prozent. Ein zusätzliches Problem sind das hohe Speichervolumen von Wasserstoff, der trotz der Kühlung auf -252°C immerhin noch das 6-fache Volumen eines Benzintankes benötigt, unter Druck sogar das 14-fache (Schmitz, 1995,S.134) Ersichtlich werden die Speicherkennwerte verschiedener Treibstoffe anhand der Tabelle 26. Auffallend dabei sind die hohen Werte, die sich für Wasserstoff in seinen beiden Zustandsformen ergeben, was die Probleme bei seiner Speicherung besonders in Kleinfahrzeugen erklärt.

Größere Anwendungschancen hat der Wasserstoff zur Zeit jedoch bei Großfahrzeugen, die über ein großes Tankvolumen verfügen. Neben diesen Fahrzeugen scheint auch die Anwendung bei Verkehrsflugzeugen günstig zu sein, weil das geringe Gewicht bzw. der hohe Brennwert pro Masse Brennstoff einen Vorteil bedeutet, durch den andere Nachteile, wie z.B. das größere spezifische Volumen, kompensiert werden können.

Der große Vorteil, der Wasserstoff als Energieträger immer wieder eingeräumt wird, ist die Speichermöglichkeit von Wasserstoff. Da gerade regenerative Energien zeitlich diskontinuierlich anfallen, müssen entsprechende Speicher vorgesehen werden, um das Stromangebot dem Bedarf anpassen zu können.

Wasserstoff kann entweder flüssig bei −252°C oder gasförmig unter 240 bar Druck gespeichert werden. Beide Möglichkeiten bieten Vor- und Nachteile, so ist die Verflüssigung bzw. Abkühlung mit etwa 30 Prozent und die Druckspeicherung mit 7 Prozent Umwandlungsverlusten verbunden. Muss Wasserstoff zudem über weitere Strecken transportiert werden, so kommen zusätzlich Verluste für den Transport dazu. Die Meinungen über die Sinnhaftigkeit von Wasserstoffspeicherung als Energiereserve gehen dabei weit auseinander. Beispielsweise sieht Scheer (1992, S.143) die Wasserstofferzeugung dann als besonders sinnvoll an, wenn regenerative Energieanlagen z. B. mit regionalen Elektrolysewerken direkt kombiniert werden, um damit die saisonalen Schwankungen des Energieangebotes mit eigenen Wasserstoffspeichern ausgleichen zu können. Dies ist besonders auf Inselanlagen sinnvoll, bei denen saisonal mehr Strom erzeugt wird, als abgenommen werden kann. Zudem kann der überschüssige Strom einer Inselanlage nicht ins Netz eingespeist werden und würde ohne Speicherung verloren gehen. Über die Inselversorgung hinaus stellt Schmitz (1998,S.132) die Wasserstoffspeicherung überwiegend in Frage. Zunächst, so Schmitz, sollten alle anderen Möglichkeiten der Anpassung von Angebot und Nachfrage von elektrischer Energie ausgeschöpft werden, da die Umwandlung und Speicherung von Wasserstoff derzeit als die aufwendigste Option angesehen wird.

Bei Newi (1992,S.295–310) wird geschätzt, dass erst bei einem Anteil von 20 Prozent Regenerativstrom eine Speicherung notwendig ist. Je größer das Netz ist, um so größer ist die Speicherwirkung und um so gleichmäßiger wird auch die Nachfrage, und somit eine Speicherung von Strom aus erneuerbaren Energiequellen in nächster Zukunft nicht notwendig macht.

Zudem kann bei einer entsprechenden Verteilung von Solar- oder Wasserkraftwerken kontinuierlich regenerative Energie in das Netz eingespeist und ohne Speicherung genutzt werden. Für Schmitz (1998,S.132) ist es heute also noch sinnvoller, „solange noch fossile Energieträger zur Verfügung stehen, ... mit schnell startenden und gut regelbaren Kraftwerken, also z.B. Erdgas- oder Öl-Kraftwerken die Spitzenzeiten zu überbrücken."

Zudem eignen sich darüber hinaus teilweise auch Wasserkraftwerke, die als natürliche Pumpspeicherwerke anzusehen sind, zur Speicherung von elektrischem Strom. Erst wenn diese Möglichkeiten ausgeschöpft sind, so Schmitz, würde sich die Notwendigkeit einer Speicherung in Form von Wasserstoff stellen.

Grundsätzlich kann also davon ausgegangen werden, dass Wasserstoff in nächster Zukunft im Verbund mit erneuerbaren Energien eingesetzt werden wird. Wasserstoff kann als Energieträger überall dort seinen Einsatz erhalten, wo seine Vorteile optimal genutzt werden können. So kann er als Brennstoff in dichten Ballungszentren zu einer Verbesserung der Immissionssituation beitragen, auf Inselanlagen neben der regenerativen Stromerzeugung als Speichermedium dienen und im industriellen

Bereich in die Energie- und Stoffströme einer Produktion eingebunden werden, um gesamtenergetische Vorteile zu erzielen (vgl. Schmitz, S.133 ff.). Nicht sinnvoll wäre daher der viel diskutierte Aufbau einer zentralisierten Wasserstoffwirtschaft mit entsprechenden Transportsystemen und den damit verbundenen energetischen Verlusten und negativen ökologischen Folgen, solange die Potentiale EE nicht voll ausgeschöpft sind.

9. Der Wandel zur solaren Energieversorgung

Die im letzten Kapitel diskutierten Nutzungsmöglichkeiten EE machen auf jeden Fall klar, dass die technischen und wirtschaftlichen Voraussetzungen für einen Umstieg auf EE bereits viel besser sind, als die energiewirtschaftliche Realität es erahnen lässt. Nicht die Effizienz der erneuerbaren Energieträger selbst entscheidet über deren Einsatz, sondern die Ineffizienz der Politik, die dem Machtspiel der Energiekonzerne scheinbar vorbehaltlos zusieht und mit der Liberalisierung der Strommärkte den Konzentrationsprozess in der Energiewirtschaft aktiv fördert, anstatt einer dezentralen erneuerbaren Energieversorgung den Vorrang zu geben.

Die Vorstellung, in diesen zentralen Strukturen die erneuerbaren Energien zu nutzen und sie damit in das bestehende System integrieren zu wollen, wird selbst von vielen Befürwortern der solaren Alternative geteilt (Scheer, 1998, S.253). Die natürlichen, technischen und wirtschaftlichen Potentiale der EE liegen aber nicht in einer zentralen Energieversorgung, sondern in einem dezentral organisierten Energieversorgungssystem, in dem die lokalen Ressourcen, sei es nun Wind, Sonne, Wasser, Biomasse oder eine Kombination von verschiedenen, optimal genutzt werden. Die Entwicklung und Einführung EE kann nicht den Großkonzernen überlassen werden, deren Interessen (eine kontrollierbare zentrale Energieversorgung) eine dezentrale solare Energieversorgung zuwiderläuft. Es ist deshalb von ausschlaggebender Bedeutung, nach welchen Interessen bei einer Forcierung EE vorgegangen wird, denn auch EE können einen Teil ihrer ökologischen Effizienz einbüßen, wenn sie zentralisiert von Großkonzernen eingesetzt werden. Beispiele dafür sind:
1) Der Staudamm in China, wo 1 Million Menschen umgesiedelt wurden
2) Das Projekt einer Hochspannungsleitung mit angeschlossenen Großkraftwerken im südlichen Afrika. Geplant ist ein Stromnetz vom Äquator bis zum Kap – die längste Stromleitung des Erdballes. Es soll eingespeist werden mit Strom aus großen, zum Teil noch zu errichtenden Staudamm – Kraftwerken, aus Kohle und Atomkraftwerken

der Südafrikanischen Union und einigen Gaskraftwerken. Aus Kostengründen ist aber eine Stromverbindung für die Dörfer unmöglich, wo ¾ der Gesamtbevölkerung des Subkontinents leben. Daraus ergibt sich die Konsequenz, dass sich um das Stromnetz Ballungszentren bilden und eine fatale Landflucht in Gang gesetzt wird, deren Folgen für Mensch und Natur hinlänglich bekannt sind (Weidlich, 1998, S.29).

„Das Konzept wirtschaftlicher „Modernität", die Menschen zu den fossilen Energiesystemen zu holen, statt die Energiesysteme dort bereitzustellen, wo sie leben und mit der Natur arbeiten könnten, erweist sich einmal mehr als verhängnisvolle Fehlentwicklung (Scheer, 1999, S.136)."

Werden erneuerbare Energieträger in zentralisierten Systemen angewendet, so verlieren sie genau die Vorteile, die sie den fossilen Energiesystemen gegenüber genießen, nämlich ihre dezentrale Anwendungsmöglichkeit und ein dadurch entstehendes „autonomes und regionales Energieversorgungssystem".

Der Konzentrationszwang, der für konventionelle Energieunternehmen besteht, um Kosten beim Abbau der Rohstoffe, Transport der Energieträger und bei der Umwandlung in Strom zu senken, gilt nicht für EE. Im Gegenteil spricht Scheer sogar von einer „Nichtmonopolisierbarkeit" (Scheer, 1999, S.89) solarer Energiewirtschaft. Für Scheer ist nur die Produktion der Umwandlungstechniken, also die Herstellung von Solarkollektoren, Solarzellen, Windkraftanlagen oder Biomassekraftanlagen konzentrationsfähig, nicht aber die Erzeugung und somit die Umwandlung solarer Energie in Strom.

Das prinzipielle Problem, das die Träger der fossilen Energiewirtschaft mit erneuerbaren Energien haben, so Scheer, ist die Unmöglichkeit, auf Sonne oder Wind ein Patent anzumelden und entsprechende Nutzerlizenzen zu verkaufen. Ist eine Windanlage einmal installiert, produziert sie für 20–30 Jahre autonom Strom, ohne dass für den dazu notwendigen „Brennstoff", den Wind, irgendetwas bezahlt werden muss. Franz Alt hat diesen Sachverhalt in folgende Worte gefasst, dass „die Sonne keine Rechnung schickt". Genau hinter diesen Worten liegt die große Chance erneuerbarer Energieträger verborgen und eben aus diesem Grund sind erneuerbare Energien ein Dorn im Auge der fossilen Energiekonzerne (Alt, 1994).

Die daraus entstehenden wirtschaftlichen und ökologischen Vorteile sind dabei von unwahrscheinlichem Wert für die jeweilige Region oder gesellschaftliche Struktur. Sind es heute beinahe nur noch Großunternehmen, die als Betreiber von Kraftwerken in Frage kommen, dürften sich als Betreiber von erneuerbaren Energiekraftwerken zahllose kommunale Unternehmen, eigenerzeugende Firmen, Produzenten-Kooperativen und viele individuelle Betreiber in regionalen und lokalen Rahmen bilden. Die politische und wirtschaftliche Brisanz der erneuerbaren Energien liegt also in deren Dezentralität (Scheer, 1999, S.91). Der Einfluß der Energiekonzerne wird mit jeder dezentralen Erzeugungsanlage zurückgedrängt und die Gesellschaft von ihrer Abhängigkeit aus den Händen der globalen Energieversorger befreit. Gerade deswegen kann nur eine dezentrale Anwendung EE gesamtheitlich erfolgreich und sinnvoll sein. Eine Verbauung der Sahara mit Solarkraftwerken ist in diesem Zusammenhang genauso fragwürdig wie der Bau riesiger Solarkollektoren im Weltall oder die vorher angesprochenen Großkraftwerke in China und Afrika, die allesamt wieder auf eine zentralisierte Energieversorgung abzielen würden, und damit die dezentrale Nutzungsmöglichkeit erneuerbarer Energien untergraben. Obwohl es sich bei solchen Kraftwerken um erneuerbarer Energiequellen handelt, führt die Realisierung solcher Großkraftwerke in eine Sackpasse, die die Macht wiederum den Multis zuspielt und das Spiel von vorne beginnen lässt. Zudem sind mit Kraftwerken dieser Größenordnung immer auch massive Eingriffe in die Natur notwendig, die sich unweigerlich auch auf die Menschen auswirken. Beispielsweise wird ein Kraftwerk am Unterlauf des Kongo diskutiert, welches mit einer Leistung von 30.000 MW Strom für Europa erzeugen könnte. Die Überlandleitungen würden für die circa 7.000 km einen Investitionsaufwand von 41 Milliarden DM erfordern, was mehr ist, als die Kosten für das Kraftwerk selbst (vgl. Kommgießer, 1998, S.121).

Diese 41 Milliarden DM wirken um so imposanter, wenn man den Vergleich anstellt, dass im Zeitraum 1984 – 1995 circa 20 Milliarden Dollar von den OECD-Staaten zusammengenommen ausgegeben wurden (Scheer, 1993, S.6/11), um erneuerbare Energien zu fördern.

Für dieselbe Summe könnten heute ungefähr 40.000 Windkraftanlagen mit einer Leistung von 40.000 MW installiert werden, was ungefähr der 8-fachen Leistung aller in Deutschland betriebenen Windkraftanlagen gleichkommt und ungefähr 50 TWh entspricht, oder rund 10 Prozent des bundesweiten Stromverbrauches von 1996. Obwohl dieses Projekt absolut utopisch erscheint, wurden die Ergebnisse auf dem 2. internationalem MD-Kongress in Zürich im Dezember 1990 vorgetragen (Czisch, 1998, S.112).

Anhand solcher und ähnlicher Projekte kann man den Stellenwert erahnen, der einer zentralisierten Energieversorgung zugemessen wird, um nicht die „Machtstellung" an viele lokale und regionale Unternehmen und Institutionen zu verlieren.

Erneuerbare Energiesysteme sind mit wenigen Ausnahmen (Großwasserkraftwerke und solarer Wasserstoff), wie man anhand dieser Tabelle sehen kann, beinahe nicht konzentrier- bzw. monopolisierbar. So ist im Drehbuch der erneuerbaren Energien für die „fossile Energiewirtschaft" keine oder nur noch eine Nebenrolle vorgesehen. Für Unternehmen der konventionellen Energiewirtschaft ist auf dem Markt erneuerbarer Energien nur noch beschränkt Platz. Scheer umschreibt diese neue Energiewirtschaft folgendermaßen: „ Mit den kurzen Ketten der erneuerbaren Energien entfällt auch der von fossilen Ressourcen ausgehende Globalisierungszwang."

Die Verkettung von Energieunternehmen untereinander und mit weiteren Unternehmen ergibt sich nicht mehr zwangsläufig aus den Energiequellen, wie das bei fossilen Energieträgern vorgegeben ist. Mit den kurzen Ressourcenketten erneuerbarer Energien ist es ebenfalls nicht mehr möglich, ganze Volkswirtschaften zu umschlingen. So befreien die erneuerbaren Energien die Gesellschaften von den fossilen Ressourcenabhängigkeiten und von der Polypenstruktur der fossilen Weltwirtschaft (Scheer, 1999, S.93).

Um die großen Vorteile erneuerbarer Energien zu verstehen, muss sich auch der grundlegende Denkansatz ändern, da erneuerbare Energien nicht mit dem Fossilien Energiesystem verglichen werden können.

9.1. Die Unvergleichbarkeit fossiler und regenerativer Energien

Regenerative Energien werden oftmals mit dem Vorwand belastet, sie wären nicht wirtschaftlich bzw. mit fossilen Energieträgern konkurrenzfähig. Um diesen Vorwand zu bewerten müssen zuerst verschiedene Kostenfaktoren diskutiert werden, die direkt und indirekt auf die solare Wirtschaftlichkeitsberechnung Einfluß nehmen. Warum kann ein direkter Vergleich nicht vorgenommen werden?

Vergleichen wir heute beispielsweise die Investitionskosten einer Windkraftanlage mit der eines konventionellen Kraftwerkes, so werden die Stromgestehungskosten für eine WEA je nach Standort mit 7–13 Pf/KWh und die einer Erdgasanlage mit 7 Pf/KWh angegeben (Kaltschmitt, 1997, S.448). Welches sind aber bei einem solchen Kostenvergleich die Faktoren, die auf die Stromgestehungskosten einwirken? Beim konventionellen Kraftwerk beeinflussen die Brennstoffkosten mit circa 80 Prozent die Stromgestehungskosten (Kaltschmitt, 1997, S.37).

In den Wirtschaftlichkeitsberechnungen fossiler Kraftwerke werden aber meistens die aktuellen Erdöl- bzw. Gaspreise angenommen, die aber keinesfalls als fixe Variable eingerechnet werden dürfen. Verdoppelt oder verdreifacht sich der Pimärenergiepreis, so muss von einer beinahe Verdoppelung bzw. Verdreifachung der Stromgestehungskosten ausgegangen werden, was durch die beschränkte Verfügbarkeit fossiler Ressourcen nicht ausgeschlossen werden kann. Als weiteren Kostenfaktor fossiler und atomarer Wirtschaftlichkeitsberechnungen bleiben immer wieder die in den ersten Kapiteln beschriebenen Kosten für die Sicherung des Ressourcenzugangs, die gewaltigen Kosten der Verteilernetze, die Kosten für Atomarunfälle, die Kosten einer Atomarmülllagerung, die noch für Tausende Jahre getragen werden müssen, die Schäden durch die Klimaerwärmung und das mit den fossilen Energieträgern zusammenhängende Schicksal Millionen von Menschen, unberücksichtigt! Allein die vor- und nachgelagerten Kosten würden die Stromgestehungskosten fossiler Kraftwerke (vgl.Scheer, 1992, Kronberger, 1998) massiv erhöhen, bleiben aber bei den Wirtschaftlichkeitsberechnungen unberücksichtigt und verfälschen somit den Vergleich zwischen EE und fossilen Energiequellen.

Für ein regeneratives Kraftwerk kann jedoch eine genaue Wirtschaftlichkeitsrechnung ohne Unsicherheitsfaktoren berechnet werden, ohne eine Investition von vornherein mit unzähligen „nicht bestimmbaren Variablen" zu belasten, wie es bei fossilen Kraftwerken der Fall ist. Sind die Investitionen einmal getätigt, fallen im Laufe der Betriebszeit nur noch minimale Betriebskosten an, die im einstelligen Prozentbereich liegen (vgl. Kaltschmitt, 1997), da außer bei Biomasse keine Brennstoffe zum Betrieb verwendet werden müssen.

Neben dieser Verfälschung der Berechnungen spielen noch weitere Aspekte eine nicht unbedeutende Rolle, die dem Vergleich EE und fossiler Energieträger neue Maßstäbe abverlangen.

So wird sich durch die Nutzung erneuerbarer Energie die Rollenverteilung zwischen Energieversorger bzw. Energieanbieter einerseits und Energieverbraucher bzw. –Nachfrager andererseits ändern und damit auch die Wirtschaftlichkeitsberechnung. Die 7 Pf/KWh Stromgestehungskosten einer Erdgasanlage können nicht mit den 7 – 12 Pf/KWh Stromgestehungskosten einer Windkraftanlage verglichen werden, da diese bereits vor Ort beim Endkunden und Verbraucher sind bzw. der Anbieter im gleichen Maße auch der Verbraucher sein kann. Nicht eine kWh verbrauchter Windstrom kostet dem Anlagenbetreiber 7 – 12 Pf/kWh, sondern mit jeder kWh Windstrom wurde 1 KW konventioneller Strom vermieden, der in Deutschland im Jahr 2000 im Durchschnitt 28 – 30 Pf/kWh kostete. In diesem Fall sieht das Verhältnis zwischen Kosten und Nutzen anders aus. Je nachdem, für welchen Betriebszweck die Anlage genutzt wird oder werden kann, ergeben sich auch unterschiedliche Wirtschaftlichkeitsrechnungen. Um einen solchen Vergleich anzustellen, muss man nur den gedanklichen Schritt vollziehen, dass in einer solaren Energiewirtschaft der Endverbraucher gleichzeitig auch Betreiber eines solaren Kraftwerkes sein kann und somit in die Wirtschaftlichkeitsrechnung nicht die jeweilige Stromgestehungskosten, sondern die vermiedenen Kosten berücksichtigt werden müssen (vgl. Scheer, 1998, S.236 ff.). Das bedeutet nicht, dass jeder Haushalt eine Windkraftanlage in den Garten setzt, sondern dass Gemeinden, Unternehmensvereinigungen, Siedlungsgemeinschaften usw. als Betreiber kleiner und mittlerer Alternativstromanlagen in Frage kommen.

Solche Betreiber von Anlagen zur Umwandlung erneuerbarer Energien können sein:
- integrierter Teil des allgemeinen Stromversorgungssystems, indem sie als bloßer Erzeuger ihren Strom an ein Versorgungsunternehmen liefern;
- ergänzend zur Erzeugerrolle auch die des Versorgers, indem sie direkt den Strom an den Endkunden verkaufen;
- Selbstversorger, indem sie ihre Anlage allein für den Eigenbedarf einsetzen und sich energieautonom machen;
- Selbstversorger und gleichzeitig direkter Versorger anderer; (Scheer, 1999, S.239).

Für jede dieser Varianten kann eine eigene Wirtschaftlichkeitsrechnung angestellt werden. Klarerweise muss ein Selbstversorger mit den vermiedenen Kosten rechnen, die viel höher sind, als die der Erzeuger für die Einspeisung ins öffentliche Netz erhält. In diesem Fall ergeben sich zwei unterschiedliche KWh Berechnungen für dieselbe Anlage. Daraus geht hervor, dass die vermiedenen Kosten der wichtigste Aspekt einer solaren Wirtschaftlichkeitsrechnung sind. Aus diesem Grund sind mit erneuerbaren Energien neben den positiven Umweltaspekten eine Reihe von Möglichkeiten zur Kostenvermeidung möglich, die dem Nutzer konventioneller Energien verschlossen bleiben.

9.1.1. Der Faktor Kostenvermeidung

Auf den Vorteil der Kostenvermeidung durch EE geht besonders Hermann Scheer ein, der die Kostenvermeidung als „die Quintessenz wirtschaftlicher Nutzung solarer Ressourcen" beschreibt (Scheer, 1998, S.240).

Die Frage, welche Kosten mit der Nutzung EE vermieden werden können, ist für ihn der maßgebliche Faktor für eine Breiteneinführung EE. Ein Kostenfaktor, so sind sich alle Autoren einig, der durch die Nutzung EE vermieden wird, sind die Brennstoffe (ausgenommen bei Biomasse). Wie weiter oben bereits erwähnt, werden diese vermiedenen Kosten bisher kaum bei der Wirtschaftlichkeitsberechnung erneuerbarer Energien berücksichtigt. Das Problem besteht aber auch hier in der Kurzzeitkalkulation, ohne die Langzeitfolgekosten zu berücksichtigen. Besonders deutlich sichtbar wird diese Denkweise beim Bauen. Vielfach werden die Baukosten eines konventionellen Hauses unmittelbar mit denen eines „Niedrigenergiehauses oder Passivhauses" verglichen. Ein Vergleich, der, wenn er über eine Zeitraum von 30 – 50 Jahren angestellt wird, jede Relevanz verliert. Langjährige Betriebskostenrechnungen für Gebäude führen fast immer zum solaren Bauen. Das Ausmaß, der vermeidbaren Kosten in einem Gebäude durch solare Energienutzung sind vielfältig:
- Nutzung der Wärme durch die Ausrichtung der Hauptfläche eines Gebäudes zum idealen Winkel der Sonne, Wärmedämmung und -Rückgewinnung, viel natürlicher Lichteinfall in die Räume;

- Sonnenkollektoren zur Warmwasserbereitstellung, die gegebenenfalls auch andere Bauteile wie Fassaden und Ziegel ersetzen können und damit Kosten reduzieren;
- Direkte Stromerzeugung durch Photovoltaikanlage;
- Wärmespeicherung in Wassertank usw.

Je vielfältiger die Sonnenenergie genutzt wird, um so mehr Kosten werden durch die Solartechnologie vermieden. Zudem kann durch eine Breiteneinführung eine noch bedeutende Kostenreduzierung bei den verschiedenen Solartechniken erzielt werden.

Solares Bauen ist aber nur ein Beispiel, um die Effizenz der Nutzung EE zu verdeutlichen. Besonders deutlich wird damit aber die dezentrale Einsatzmöglichkeit der verschiedenen solaren Energietechniken.

Daher sind die meisten Wirtschaftlichkeitsberechnungen irreführend, die immer nur von den Stromgestehungskosten einzelner Technologien ausgehen. Was nützt es dem Verbraucher, wenn die Stromgestehungskosten für ein KWh Erdgasstrom bei 7 Pf/KWh liegen, dafür aber zwischen 20 – 30 Pf/KWh bezahlt werden müssen, weil die Differenz für die Bereitstellung von Infrastrukturen und Kapazitäten bzw. für die riesigen Verwaltungskosten der Stromkonzerne draufgehen, und dabei der Preis für Öl und Gas eine Dumpingpreis darstellt (vgl. dazu Massarrat, 1998).

Daraus ergibt sich, dass der wirtschaftliche Spielraum eines „Selbstversorgers", der auf Netze nicht mehr angewiesen sein will, enorm ist.

Gerade darin liegt die größte Chance erneuerbarer Energien, die lokal, je nach Angebotsstruktur natürlicher Rohstoffe, eingesetzt werden können. Inselanlagen arbeiten schon heute durch die Kombination verschiedener Technologien autark und wirtschaftlich.

Ziel EE wird es sein, angefangen in Gebieten ohne Infrastruktur, autonome Strukturen zu schaffen, die ohne Netzverbund auskommen und dann schrittweise das Einsatzgebiet auszudehnen.

Eine wichtige Rolle werden erneuerbarer Energien in den ländlichen Gebieten der 3. Welt spielen, die heute noch ohne Infrastruktur dastehen. Auch Weltbank-Experten haben längst festgestellt, dass die Energiebereitstellung durch erneuerbarer Energien für die Mehrheit der Menschen in den ländlichen Räumen der Entwicklungsländer ein zwingendes Erfordernis ist. Dies wurde auch in einer Studie der Weltbank (Weltbank, 1996) festgehalten: „Erneuerbare Energien seien nicht allein aufgrund ihrer Umweltfreundlichkeit dringlich zu fördern, sondern sie seien für die ländlichen Strukturen auch die ökonomisch schlüssigste Option, weil sie von einer infrastrukturellen Vernetzung unabhängig sind. Es gibt durchaus eindrucksvolle Beispiele für die Elektrifizierung mit dezentralen und netzunabhängigen Anlagen zur Nutzung erneuerbarer Energien – etwa die „solar Home Systems" mit Photovoltaik, wie sie in ländlichen Gebieten der dritten Welt inzwischen zunehmend eingeführt werden."

Neben diesen Projekten der dritten Welt, gibt es aber auch in Europa mittlerweile eindrucksvolle Projekte, die bestätigen, dass ein dezentrales Versorgungssystem möglich und realisierbar ist. Ein Beispiel dafür bietet das Innovationsprojekt Domsland in Schleswig Holstein, wo man sich das Ziel einer dezentralen Energieversorgung für ein Baugebiet mit 430 Wohneinheiten gesetzt hat.

9.2. Beispiel einer dezentralen Energieversorgung in Schleswig Holstein: Das Biomassekraftwerk Domsland

Projekt Domsland:

Die Anlage wird mit Biomasse betrieben, speist 180 KW Strom ins Netz ein und produziert 350 KW Wärme. Diese Anlage zeichnet sich durch einen vergleichsweise sehr hohen Wirkungsgrad von circa 80 Prozent aus. Einer Berechnung der (ESSH) zufolge ist in Schleswig Holstein allein aus der Land- und Forstwirtschaft ein Biomassepotential vorhanden, das ausreicht, über 610.00 Wohnungen mit Wärme für die Heizung und das Warmwasser zu versorgen. Dies entspricht ungefähr der Hälfte aller Wohnungen in Schleswig Holstein. Dabei ist diese Art der Energiegewinnung annähernd CO_2 neutral, da die bei der Verbrennung frei werdende CO_2 Menge beim Anbau der Biomasse über die Photosynthese eingebunden wurde. Neben diesem vorhandenen „speicherbaren" Biomassepotential zeichnet sich Schleswig Holstein durch seinen günstigen Küstenstandort durch das enorme Windkraftpotential aus, das parallel zur Biomasse ausgebaut und eingesetzt werden kann.

Aus einer Berechnung nach Kaltschmitt lässt sich ableiten, dass der Stromverbrauch in Schleswig Holstein (13,4 GWh: 1997) bereits mit dem Windenergiepotential abgedeckt werden kann, das sich auf dem Festland ergibt. Unberücksichtigt bleibt dabei noch das enorme offshore – Potential (vgl. Kaltschmitt, 1997).

Der kombinierte Einsatz von Biomasse und Windkraft zeichnet sich besonders dadurch aus, dass Biomasse zu jedem Zeitpunkt eingesetzt werden kann und damit die Angebotslücken der Windenergie schließen könnte. Wenn man die jeweiligen Stromgestehungskosten vergleicht, so kommt man auf 7 – 12 Pf/KWh bei WEA und auf 15 – 37 Pf/KWh bei Biomasse- bzw. Biogasanlagen (vgl. Frithjof, Staiß,2000).

Wenn wir von den heutigen Strompreisen für Endverbraucher in Deutschland ausgehen, die zwischen 15 – 25 Pf/KWh liegen, so liegen wir bereits heute mit einer Kombination dieser erneuerbaren Energieträgern in etwa gleichauf, abgesehen von den ökologischen und wirtschaftlichen Vorteilen, die einer Region durch die dezentrale Nutzung erneuerbarer Energieträger erwachsen.

Biomasse-Heizkraftwerk Domsland
Eckernförde – Schleswig-Holstein

Kurzbeschreibung

Allgemeine Information:

- Es ist vorgesehen, ein städtisches Neubaugebiet in Eckernförde / Ostsee mit einer umweltverträglichen Energieversorgung zu versehen, die auf der Basis von vorhandenen nachwachsenden Rohstoffen in Form von Biomasse aus regionaler Land- und Forstwirtschaft versorgt wird. Dabei soll (bundesweit erstmalig) ein Biomasse-Blockheizkraftwerk zum Einsatz kommen.
- Das zu versorgende Baugebiet liegt am Stadtrand von Eckernförde / Ostsee und umfasst ca. 12 Hektar. Dieses ist gekennzeichnet durch eine offene Bauweise mit einer Bebauung durch Einzel-, Doppel-, Reihen-, Ketten- und Mehrfamilienhäuser sowie einen Kindergarten. Bei einer Aufteilung in 126 Grundstücke sind etwa 430 Hausanschlüsse vorgesehen.

Das Projekt verfolgt folgende Ziele:

- positive ökonomische Aspekte und Beschäftigungseffekte in der Region zu bewirken

- regionale Land- und Forstwirtschaft einzubeziehen
- ökologisch verträgliche Energiekonzepte mit innovativen Technologien einzusetzen
- Biomasse als klimaverträglichen, CO_2 - neutralen „Energiewertstoff" zu nutzen
- eine CO_2 - Gutschrift gegenüber herkömmlichen Energiekonzepten zu erreichen
- im Zuge der Liberalisierung des Energiemarktes neue Betreiberkonzepte zwischen kommunalen und privatwirtschaftlichen Trägern aufzuzeigen
- im Sinne der Agenda 21 beispielhaft eine nachhaltige Entwicklung aufzuzeigen
- im Rahmen der EXPO 2000 neue Technologie- und Versorgungskonzepte vorzustellen

Finanzieller Rahmen:

- Das Vorhaben umfasst ein Investitionsvolumen von 9,15 Mio. DM.
- Wegen des technischen Pilotcharakters werden sich verschiedene Ministerien sowie Stiftungen des Landes Schleswig-Holstein an der Finanzierung mit einem verlorenen Zuschuss in Höhe von 3,65 Mio. DM beteiligen.
- Die Betreibergesellschaft „BEV Biomasse Energieversorgung Domsland GmbH", die sich aus den kommunalen Stadtwerken Eckernförde GmbH, der privatwirtschaftlichen EVN Energie Versorgung Nord GmbH und dem landwirtschaftlichen Maschinenring Angeln GmbH zusammensetzt, bringt Eigenmittel/Baukostenzuschüsse in Höhe von 4,65 Mio. DM ein.
- Ein verbleibender Kreditrahmen in Höhe von 0,85 Mio. DM wird banküblich finanziert.

Zeitlicher Rahmen:

- Die politische Entscheidung zu dem Energiekonzept wurde im Herbst 1997 getroffen.
- Die Vorbereitung einer technischen Lösung sowie einer geeigneten Betreiberkonstellation erfolgte von 9/1997 bis 3/1998.

- Ein Beginn der Erschließung des Baugebietes und damit Beginn des Vorhabens erfolgte dann ab April 1998.
- Die Versorgung des Baugebietes auf der Basis von Biomasse begann mit der Heizperiode 1999.

Ausführliche Darstellung

Zielsetzung / Umweltschutzwirkung:

Zielsetzung des Vorhabens ist die Substitution von importierten fossilen Ressourcen durch lokale Energieträger, hier: Biomasse, für die Versorgung mit elektrischer und thermischer Energie im gesamten Baugebiet. Damit soll unter umweltpolitischen Aspekten eine CO_2 - Gutschrift gegenüber konventionellen Energiekonzepten und unter wirtschaftlichen Aspekten eine Einbindung der regionalen Land- und Forstwirtschaft als Energielieferant mit positiven Arbeitsmarkteffekten ermöglicht werden.

Auf Basis der Wärmeschutzverordnung ist nach derzeitigem Stand ein Jahresenergiebedarf von ca. 7500 MWhthermisch. zu substituieren, was einem Energieäquivalent 600.000 m^3 Erdgas pro Jahr entspricht und durch ca. 10.000m^3 Holzhackschnitzel ersetzt wird.

Die im Baugebiet benötigte elektrische Energie wird nur zu einem Teil über Biomasse gewonnen, da eine wirtschaftliche Lösung einen möglichst ganzjährigen Einsatz des Blockheizkraftwerks erfordert. Wegen der in den Sommermonaten begrenzten Absatzmenge bei der Wärme wird die elektrische Energie in Abhängigkeit von der absetzbaren Wärme produziert (wärmegeführtes BHKW).

Projektziele:

Das Projekt verfolgt insgesamt folgende Ziele:
- eine ökologisch verträgliche / dezentrale Energieversorgung einzusetzen
- importierte fossile Energieträger durch heimische Energieträger zu ersetzen
- Biomasse als klimaverträglichen, CO_2 - neutralen „Energiewertstoff" zu nutzen
- positive Beschäftigungseffekte in der Region zu bewirken

- regionale Land- und Forstwirtschaft einzubeziehen
- neue Technologien für Biomasse-Blockheizkraftwerke im Leistungsbereich unter 1 MW einzusetzen
- eine CO_2 - Gutschrift gegenüber herkömmlichen Energiekonzepten zu erreichen
- im Zuge der Liberalisierung des Energiemarktes neue Betreiberkonzepte zwischen kommunalen und privatwirtschaftlichen Trägern aufzuzeigen
- im Sinne der Agenda 21 beispielhaft eine nachhaltige Entwicklung aufzuzeigen
- im Rahmen der EXPO 2000 neue Technologie- und Versorgungskonzepte vorzustellen.

Innovationen:

Im Rahmen des Projektes werden folgende Innovationen eingesetzt:
- die Wärmeversorgung, einschließlich der Spitzenlast, erfolgt (bundesweit erstmalig) zu 100% auf Biomassebasis
- als technisches Konzept ist (bundesweit erstmalig) ein Biomasse-Hybridsystem vorgesehen mit
- wärmegeführtem Biomasse-Blockheizkraftwerk für die Kraft-Wärme-Kopplung in der Grundlast
- Vorschubrostkesseln für Holzhackschnitzel in der Grund- und Spitzenlast
- als Blockheizkraftwerk wird dabei (bundesweit erstmalig) ein Biomasse-Blockheizkraftwerk auf der Basis von thermischer Holzhackschnitzelvergasung zum Einsatz kommen
- es wird (bundesweit erstmalig) eine eigene Betreibergesellschaft mit einem kommunalen Energieversorgungsunternehmen (Stadtwerke), einem privatwirtschaftlichen Energieversorgungsunternehmen und mit der Landwirtschaft (Maschinenring) gegründet.

Umweltschutzwirkung: Betrachtung der CO^2 Emission bei verschiedener Wärmeerzeugung

Für die Ermittlung der CO^2 Emission des Baugebietes wurde von der vollständigen Bebauung ausgegangen (zum Zeitpunkt der Entscheidungsfindung Ende 1997):

Auf der Basis der damaligen Planungszahlen wurde von einem Gesamtwärmebedarf von 5.500 MWh/Jahr, bei einer Wärmeproduktion von ca. 6.111 MWh/Jahr ausgegangen.

1. Erdgaseinzelheizung - Brennwerttechnik-

Gesamter Jahresausstoß aller Heizungsanlagen	1.549 Tonnen CO^2/Jahr

2. Motor-Blockheizkraftwerk mit 3 Motoren a´ 110 kW elektr. Leistung

Gesamter Jahresausstoß für die Wärme- und Stromerzeugung	2.435 Tonnen CO^2/Jahr
Da die Erzeugung des Stromes im Blockheizkraftwerk weniger CO^2 erzeugt als in den herkömmlichen Kraftwerken könnte eine CO^2-Gutschrift gegengerechnet werden	1.703 Tonnen CO^2/Jahr
Damit verbleibt, **global** betrachtet, eine CO^2 Belastung Von	733 Tonnen CO^2/Jahr

3. Erdgasbetriebenes Brennstoffzellen-Blockheizkraftwerk

	2.124 Tonnen CO^2/Jahr
Gesamter Jahresausstoß für die Wärme- und Stromerzeugung	
Da die Erzeugung des Stromes im Blockheizkraftwerk weniger CO^2 erzeugt als in den herkömmlichen Kraftwerken könnte eine CO^2-Gutschrift gegengerechnet werden	1.278 Tonnen CO^2/Jahr 846 Tonnen CO^2/Jahr
Damit verbleibt, **global** betrachtet, eine CO^2 Belastung von	

4. Wärmeerzeugung mit Biomasse-Blockheizkraftwerken

Gegenüber fossilen Brennstoffen hat Biomasse den Vorteil, "CO^2-neutral" zu sein. Ebensoviel Kohldioxid wie bei der Verbrennung entsteht, hat sie zur Bildung aufgenommen, bzw. dient zur Bildung neuer Biomasse, jedoch nur dann wenn kein Raubbau betrieben bzw. zur Verwertung kein fossiler Brennstoff eingesetzt wird.

	2.435 Tonnen CO^2/Jahr
	2.435 Tonnen CO^2/Jahr
Gesamter Jahresausstoß für Wärme- und Stromerzeugung Gutschrift wegen CO^2-Neutralität	
Da die Erzeugung des Stromes im Blockheizkraftwerk weniger CO^2 erzeugt als in den herkömmlichen Kraftwerken könnte eine CO^2-Gutschrift gegengerechnet werden	1.270 Tonnen CO^2/Jahr 1.270 Tonnen CO^2/Jahr
Damit verbleibt, **global** betrachtet, eine **CO^2-Gutschrift** von	

Vergleich des CO2 Ausstoßes unterschiedlicher Systeme

Nutzwärme	5.500	MWh/a
Netzverluste	10	%
Abgabe ab Werk	6111	MWh/a
Wohneinheiten	430	

CO2 Aquivalent	kg/MWh	System 1	System 2	System 3	System 4
Erdgas	241	Brennwert-Kessel	Motor BHKW mit 3 Modulen a´ 110 kWel und Spitzenkessel	Brennstoffzelle 200 kW mit Brennwertkessel	Holzschnitzelheizwerk mit Pyrolyseanlage Leistung el. 200 kW
Kraftwerks Park	264				
Biomasse	0				
Verteilung Netz					
Nutzungsgrad Netz	%	0	90	90	90
Wärmebedarf	MWh/a	5500	5500	5500	5500
Wärmeproduktion	MWh/a	0	6111	6111	6111
Verluste	MWh/a	0	611	611	611
Hauptsytem					
Energiezufuhr Ho	kW		1032	500	
Energiezufuhr Hu	kW				
Wirkungsgrad th.	%		54	42	
Wirkungsgrad el.	%		26	40	
Wärmeerzeugung	MWh/a		4347	1650	
Stromerzeugung	MWh/a		2093	1571	1560
Betriebsstunden	h		7800	7855	7800
Deckungsgrad	%		71	27	
Brennstoffeinsatz	MWh/a		8050	3928	
Kesselanlage					
Wirkungsgrad th.	%	95	95	100	
Wärmeerzeugung	MWh/a	5500	1764	4461	
Deckungsgrad	%	100	29	73	
Brennstoffeinsatz	MWh/a	6426	2061	4952	
Stromgutschrift	MWh/a		2093	1571	1560
Wirkungsgrad el	%		36	36	36
Energiezufuhr Hu	MWh/a		5814	4364	4333
Energiezufuhr Ho	MWh/a		6453	4844	4810
Verluste	MWh/a		4360	3273	3250
CO2 Bilanz		CO^2 Aquivalent	CO^2 Aquivalent	CO^2 Aquivalent	CO^2 Aquivalent
Gesamtbrennstoff	MWh/a	6426 1549	10111 2437	8880 2140	
Brennst.Stromerzeugung	MWh/a		6453 1704	4844 1279	4810 -1269,84
Brennstoffaufwand	MWh/a		16564	13724	
CO2 Ausstoß	t/a	(1) 1549	(2) 733	(3) 861	(4) -1270

Lösungsweg

Die in Schleswig-Holstein über 40.000 km „Knicks" prägen das Landschaftsbild seit vielen Jahrhunderten. Während die Knicks früher als Erosionsschutzhecken dienten und gleichzeitig das Brennmaterial für die Dörfer lieferten, sind sie heute ein fester Bestandteil des Landschafts- und Naturschutzes. Die Knickpflege erfordert auch heute noch ein regelmäßiges Ausholzen, wobei die Entsorgung des Schwachholzes zunehmend Probleme und Kosten verursacht.

Das vorgesehene Konzept soll deshalb die typischen Knicks als Energieressourcen nutzen, wobei das Knickholz zu Holzhackschnitzeln geschreddert wird. Durch die Verwendung dieser heimischen Rohstoffe werden Land- und Forstwirtschaft zu „Energielieferanten".

Wesentliche Merkmale der eingesetzten Technik:

In einer Heizzentrale werden die Holzhackschnitzel auf zwei unterschiedliche Arten für die Energiegewinnung eingesetzt:
- In zwei automatisierten Hochleistungskesseln mit Zonen-Vorschubrostfeuerung werden die Holzhackschnitzel (schnittfrisch) verbrannt. Dabei können die Kessel mit Leistungen von
- 1 x 2,5 MW und einmal 1,5 MW als Kaskade gefahren werden, um eine optimale Auslastung zu erreichen. Gleichzeitig kann dadurch auf den normalerweise erforderlichen Spitzen- bzw. Reservekessel verzichtet werden, der üblicherweise mit Öl oder Gas betrieben wird: damit wird erstmalig eine 100%ige Anwendung von Biomasse im Grund- und Spitzenlastbereich ermöglicht.
- Ein Nahwärmenetz übernimmt im gesamten Baugebiet die Verteilung der Wärmeenergie.
- Ein Biomasse-Blockheizkraftwerk mit einer Leistung von 180 $kW_{elektrisch}$ und ca. 360 $kW_{thermisch}$ auf der Basis von thermischer Vergasung von Holzhackschnitzeln fährt die Wärmegrundlast und speist elektrische Energie in das Netz ein.

Verfahrensbeschreibung des Biomasse-Blockheizkraftwerks:

Die Gewinnung von brennbarem Gas aus Biomasse durch thermische Zersetzung (Pyrolyse) wurde gegen Ende des letzten Jahrhunderts in

Deutschland erfunden und in größerem Maße bereits während des 2. Weltkriegs eingesetzt; zur Treibstoffsubstituierung für Fahrzeuge (Holzvergaser). Die Biomasse muß dabei stückig bzw. in kompaktierter Form vorliegen und darf im Gegensatz zur Holzhackschitzelverbrennung höchstens 20-25 % Restfeuchte enthalten.

Die Hackschnitzel werden über eine automatische Schleuse in den Reaktor eingespeist und durchlaufen anschließend folgende Prozesse (nach dem sogenannten Doppelfeuerverfahren):

Dieses Verfahren ist eine Kombination aus absteigendem und aufsteigendem Vergasungsverfahren mit zwei definierten Feuerzonen. In der oberen Zone erfolgt eine Verschwelung und anschließende Crackung der Schwelgase im Glutbett. In der unteren, über einem Rost angeordneten Zone, erfolgt unter Zugabe von Luft die Vergasung der sich immer wieder neu bildenden Holzkohle und eine Nachcrackung der im oberen Bereich erzeugten Gase. Auf diese Weise wird ein sehr sauberes, von hochmolekularen Bestandteilen freies Gas erzeugt. Die Reaktionstemperatur in der oberen Feuerzone beträgt 1.100-1.200 °C, in der unteren Feuerzone ca. 900 °C. Die Vergasung findet im Reaktor bei einem Unterdruck von -100 bis -300 mm WS statt. Die Gasaustrittstemperatur hinter dem Reaktor beträgt 400-500 °C.

Das dabei entstehende Gas weist folgende Zusammensetzung auf:

CO:	17-20%	C_nH_m :	0,1-0,5%
H_2 :	13-16%	N_2 :	Rest.
CH_4 :	0,5-2%	CO_2 :	8-12%

Nach Verlassen des Reaktors erfolgt eine Vergleichmäßigung und Teilentstaubung des Gases. Nach Erreichen eines motorfähig brennbaren Gases wird das Gas in einem Röhrenkühler auf eine Betriebstemperatur von 40 °C abgekühlt. Der Röhrenkühler wird mit Luft rückgekühlt, wobei die Abluft zur Holztrocknung genutzt wird.

In der dem Röhrenkühler nachgeschalteten Gasreinigungsanlage wird das Gas bei einer Eintrittstemperatur von ca. 40 °C gewaschen. Als Gaswäscher wird ein Desintegratorwäscher verwendet, in dem das Gas durch Schlag- und Stoßbeaufschlagung unter Hinzufügung von Wasser intensiv gereinigt wird. Der Wäscher ist so ausgelegt, dass er die Absaugleistung zur Absaugung des Gases aus dem Reaktor und der nachgeschalteten Anlagenteile erbringt. In dem nachgeschalteten Tropfabscheider wird das

Gas von den noch mitgeführten Wassertropfen befreit. Die Reinheit des Gases nach Verlassen der Gasreinigungsanlage liegt bei 10 mg/Nm³ Feststoff, wobei die Partikelgröße unter 1 µm liegt. Das im Tropfabscheider abgeschiedene Wasser wird in einem Auffangbehälter gesammelt. Das Waschwasser wird im Kreislauf gefahren. Tritt durch höhere Holzfeuchtigkeit ein zusätzlicher Wasseranfall auf, wird dieser durch einen Überlauf abgeleitet und der Wasserverdampfungsanlage zugeleitet.

Die vom Waschwasser aufgenommenen Feststoffe werden wieder abgesondert und als Rückstand, der zu ca. 90% aus Kohlenstoff besteht, wieder dem Vergasungsgut beigemischt.

(Quelle:Eine Information der BEVN Biomasse Energie Versorgung Nord, GmbH & Co KG Reepschlägerbahn 9, 24937 Flensburg)

Anhand dieses Beispiels kann man die enormen ökologischen aber auch ökonomischen Vorteile einer dezentralen Energieversorgungsanlage erkennen, die sich zum Einen für den Klimaschutz als sehr wertvoll erweisen und zum Anderen für die regionale Wirtschaftsstruktur, die durch ein solches Konzept eine enorme Aufwertung erfährt. Obwohl es sich bei dieser Anlage um ein Pilotprojekt handelt, so hat dieses doch große Bedeutung, da bereits das Konzept einer dezentralen Energieversorgung verwirklicht werden konnte und somit Vorzeigecharakter erfährt und vielleicht als Ausgangspunkt für weitere Projekte dient.

Auf jeden Fall wird damit aber eines klar, dass sich eine dezentrale Energieversorgung bereits realisieren lässt.

10. Die politische Herausforderung: Eine dezentrale Energiepolitik

Eine regionale Energiepolitik scheint dem heute allgemein ausgeprägten wirtschaftlichen und politischen Denken zu widersprechen. Die Globalisierung ist zum Maßstab der Dinge erhoben worden, deren Verwirklichung sich die Politik und Wirtschaft zur Hauptaufgabe gemacht haben.

Dieser Globalisierungsgedanke ist es auch, der jedes regional agierende Unternehmen, jede dezentral organisierte Lebensform, jede lokal handelnde Wirtschaftsstruktur von vornherein als nicht zeitgemäß, ja sogar als rückständig und damit nicht überlebensfähig erklärt.

Dass sich die Globalisierung vielfach gegen die natürlichen menschlichen Bedürfnisse stellt und nur zum Zweck der Gewinnmaximierung für einzelne Großunternehmen „erfunden" wurde, steht dabei nicht zur Debatte.

Gerade in der Energiepolitik der Multis offenbaren sich diese Globalisierungsbestrebungen, da man durch die Unternehmenskonzentration eine zentrale Energieversorgungsstruktur schaffen will, die den kleinen und regionalen Unternehmen den Zugang in die Energiewirtschaft verschließt.

Die hohen Eintrittskosten, die durch die Zentralisierung erwirkt wurden, werden durch zusätzliches Preisdumping verstärkt, um lokal organisierte Unternehmen aus dem Wettbewerb zu drängen.

Ein Energieversorgungskonzept, das hingegen dezentral konzipiert ist und somit dem Grundgedanken der Globalisierung zuwiderläuft, wird ganz gezielt verdrängt, um nicht die „Quasimonopolstellung" auf den Energiemärkten zu verlieren und die damit verbundene Macht an viele dezentrale Unternehmen abzugeben. Die mit dem Globalisierungsgedanken verkaufte Vision einer wohlhabenden und harmonischen Weltordnung scheint im Lichte der ökologischen und regionalen Probleme unserer Welt aber nahezu naiv.

Der Autor Paul Kennedy beschreibt diese heute vorherrschende Denkweise mit den eindrucksvollen Worten: „Fröhliche Hinweise darauf, dass der kritische Konsument heutzutage einen Montblanc –Füllfeder oder einen Vuitton –Koffer ohne Rücksicht auf das Herkunftsland dieses

Produkts kaufen kann, erinnern an Jevons' Begeisterung über die Erwerbbarkeit von argentinischem Rindfleisch und chinesischem Tee vor einem Jahrhundert. In beiden Fällen findet sich keine Spur der Erkenntnis, dass die neuen Technologien keineswegs alle begünstigen, dass die gewaltige Mehrheit der Weltbevölkerung nicht in der Lage ist, die besagten Waren zu kaufen, und dass die tiefen Veränderungen sowohl in der ökonomischen Produktion als auch in den Kommunikationstechniken ebenso Nachteile wie Vorteile mit sich bringen können (Kennedy, 1993,S.75)."

Dieses Beispiel lässt sich 1 zu 1 auf die Energiediskussion übertragen.Obwohl 1/6 der Weltbevölkerung 75% der Energie verbrauchen, die großteils aus den Ländern des Südens stammt, deren Bevölkerung sich die Rohstoffe selbst nicht leisten kann und deren Länder vielfach zu Kriegsschauplätzen der Energiemultis verkommen sind, sehen nur wenige den Auslöser dafür in der vom Norden vorangetriebenen Globalisierung. Solange aber diese idealisierte Vorstellung von Globalisierung von Wirtschaft und Politik vertrieben wird, können die Vorteile eines dezentralen Wirtschaftsgefüges nicht bestehen, obwohl diese auf der Hand liegen.

Gerade in der Dezentralität liegt aber die größte Chance erneuerbarer Energieträger, die in solchen dezentralen Strukturen zur vollen Entfaltung gelangen, nämlich:
- positive ökonomische Aspekte und Beschäftigungseffekte in der jeweilige Region zu bewirken;
- regionale Land – und Forstwirtschaft einzubeziehen;
- ökologisch verträgliche Energiekonzepte einzusetzen;
- regenerative Energien in Klima- und Umweltschutz mit einzubeziehen;
- eine nachhaltige Energiepolitik im Sinne der nächsten Generationen zu betreiben;

Besonders die Entwicklungsländer können von einer dezentralen Einsatzweise regenerativer Energien profitieren, da diese die regionalen Ressourcen aufwerten bzw. zum Aufbau der eigenen Infrastruktur verwendet werden können. Der größte Vorteil liegt aber in der Anwendung EE in abgelegenen Gebieten, die durch Bereitstellung von Energie weiterhin besiedelt bleiben, ohne dass es in Gebieten an den vorhandenen Stromnetzen zu einer Verstädterung durch die Landbevölkerung kommt, die wiederum zu einer steigenden Energienachfrage führt und den ohnehin schon exhorbitanten Stromverbrauch der Städte schürt.

Die Hauptargumente, die gegen erneuerbare Energien ins Feld geführt werden, sind die minimal höheren Kosten und deren zeitlich begrenzte Verfügbarkeit. Wie bedeutungslos diese Argumente aber für ein abgelegenes Gebiet in einem Entwicklungsland sind, das bisher keinen Zugang zu Strom hatte und in Zukunft auch keinen haben wird, verdeutlicht die Tatsache, dass solche Dörfer von ihren Einwohnern wohl verlassen werden müssen, um Arbeit in den Ballungszentren zu finden, die nahe den konventionellem Stromkraftwerken liegen. Erneuerbare Energien können aber dort eingesetzt werden, wo die Menschen gerade leben, egal ob es sich dabei um eine Oase in der Wüste handelt oder um eine Siedlung in Grönland. Die Energieversorgung wird zu den Menschen gebracht und nicht umgekehrt, als es bei den konventionellen Kraftwerken der Fall ist.

Eine dezentral betriebene Energieanlage, die je nach vorhandenen Rohstoffen eingesetzt wird, kann den Aufbau einer eigenen Wirtschaftsstruktur ermöglichen und damit die sonst notwendige Landflucht verhindern.

Wie kann die Ablehnung regenerativer Stromversorgung mit der zeitlich begrenzten Verfügbarkeit begründet werden, wenn gerade das Grundbedürfnis, die Versorgung mit Wasser, an keinen zeitlichen Rahmen gebunden ist, denn das Grundwasser kann zu jeder Zeit an die Oberfläche gepumpt, verschmutztes Wasser zu jeder Zeit gereinigt und Felder immer bewässert werden, sofern Wasser mit Hilfe von Strom bereitgestellt werden kann.

So können an den weltweiten Küstenstandorten Windkraftanlagen, innerhalb der ersten Breitengrade Solar- und Photovoltaikanlagen, in den fruchtbaren Gebieten Biomassewerke, an einigen Orten geothermische Anlagen, in wasserreichen Gebieten Wasserkraftwerke und in den meisten Gebieten eine Kombination verschiedener regenerativer Anlagen zur Versorgung der lokalen Wirtschaftsstruktur bereits heute wirtschaftlich betrieben werden oder überhaupt erst ein Entstehen einer Infrastruktur ermöglichen.

In gleicher Weise ist eine dezentrale Energieversorgungsstruktur für die industrialisierte Welt von großer Bedeutung, da ein weiteres Aushöhlen der nationalstaatlichen Souveränität durch die Globalisierung verhindert wird, indem die regionalen und nationalen Strukturen wieder durch die Nutzung lokaler Ressourcen aufgewertet werden. Dadurch kann eine regionale Unternehmensstruktur entstehen, in deren Interesse eine nachhaltige Beschäftigungspolitik der betreffenden Region steht, die die nationalstaatliche Souveränität anerkennt und finanziert und somit den Garant für soziale Gerechtigkeit stärkt.

Dadurch werden lokale Wirtschaftskreisläufe widerhergestellt und dauerhafte Arbeitsplätze in der jeweiligen Region geschaffen, die wiederum die Vorraussetzung für eine größere soziale Gerechtigkeit sind.

Regionalisierung heißt in diesem Zusammenhang aber nicht, wie Scheer es ausdrückt, „.....zu den Methoden der klassischen nationalen Marktabschließung zurückzukehren, um unproduktive Strukturen künstlich zu erhalten oder andere Volkswirtschaften zu übervorteilen .... (Scheer,1999,S.290)", sondern bedeutet nur, dass die Chancen einer nachhaltigen ökologischen Wirtschaftsweise umso größer sind, desto näher sie am natürlichen Kreislauf stehen.

Scheer :" Solarstrom aus Nordafrika für den deutschen Strommarkt erfüllt ökologische Kriterien, im Gegensatz zu Atom- und Kohlekraftwerden am deutschen Standort; Solarzellen aus deutscher Produktion in Nigeria erfüllen sie ebenfalls, im Gegensatz zur dortigen Verbrennung von Öl aus eigenen Förderquellen. Aber noch umfassender werden ökologische Kriterien selbstverständlich dann erfüllt, wenn der Solarstrom für Deutschland vor Ort erzeugt und die in Nigeria installierten Solarzellen auch dort produziert werden (Scheer, 1999,S.291)."

Eine Regionalisierung hat dann Vorrang, wenn damit ein ökologisch sinnvoller Beitrag zur globalen Ökologie geleistet wird.

Die Globalisierung stützt sich vielfach nur auf eine massive Subventionierung der einzelnen Transport – und Produktionszyklen, die das ganze System oft ökonomischer erscheinen lässt, als es in Wirklichkeit ist. Vielfach gehen die einzelnen Abläufe auf Kosten der Natur und der Menschen in den Entwicklungsländern, die aber nicht in der Wirtschaftlichkeitsberechnung berücksichtigt werden.

Schäden, die durch die Verschmutzung der Meere, die Verunreinigung des Grundwassers, die Zerstörung der Ozonschicht, das Abholzen der Regenwälder, die Atommülllagerungen und die immer häufiger auftretenden Wirbelstürme in den tropischen Gebieten entstehen, werden anscheinend als natürlich hingenommen, ohne dass die dabei entstandenen Kosten der konventionellen Energiewirtschaft aufgerechnet würden, um somit die Ineffizienz solcher Anlagen weiter zu belegen.

Wenn man nur die unvorstellbare Summe von sage und schreibe 41.269.000.000.000. US-Dollar hernimmt, die zwischen 1978 und 1995 von den OECD-Staaten allein für die Forschung und Entwicklung von Nuklearenergie ausgegeben wurden, deren Entwicklung heute zum Scheitern verurteilt ist, dann versteht man erst, welche Kräfte gegen eine dezentrale Energieversorgung steuern (Greenpeace, 1997).

Die Befürworter dieser fossilen und atomaren Energiewirtschaft sind es aber immer noch, die angesichts solcher Fehlentwicklung noch Argumente gegen erneuerbare Energietechniken einbringen, wie beispielsweise eine fehlende Konkurrenzfähigkeit, die angesichts der horrenden Subventionen für die konventionelle Energieversorgung nicht verwundert. Wären diese Subventionen, die in die atomare Forschung und Entwicklung geflossen sind, nur zu einem Teil in erneuerbare Energien investiert worden, so wäre eine dezentrale Energieversorgung bereits in großem Ausmaß Realität.

Ob wir den Sprung in die „Solare Weltwirtschaft" schaffen, wie es Scheer nennt, hängt nicht von der Verfügbarkeit solarer Ressourcen und den dazu notwendigen Umwandlungstechniken ab, die ja bereits anwendbar sind, sondern vom dazu notwendigen Bruch mit der herkömmlichen Denkweise, dass man das System der Industrieländer anhand der Globalisierung auf die ganze Welt übertragen könne.

Eine harmonische und wohlhabende Weltordnung ist unter den heutigen Voraussetzungen wohl mehr als Utopie.

Der Einsatz erneuerbarer Energien in einer dezentralen Wirtschaftsstruktur wird im 21. Jahrhundert darüber entscheiden, ob es zu einer friedlichen Umverteilung zwischen Arm und Reich kommt, oder ob sich die heute geführten Ressourcenkrieg zum Weltkrieg entwickeln.

Die Hauptverantwortung in der Weichenstellung für eine regionalisierte Wirtschaftsstruktur wird dabei die Politik zu tragen haben.

Auch wenn im Zuge der Globalisierung eine Reihe von nichtstaatlichen länderübergreifenden Akteuren mehr Einfluss erhalten hat, darunter Umweltschutzgruppen, Gewerkschaften und vor allem private Unternehmen, so sind die Regierungen der einzelnen Länder aufgefordert die notwendigen Reformen einzuleiten, Reformen hinsichtlich der Art und Weise, wie Regierungen ihre Aufgaben auf globaler, nationaler und lokaler Ebene verstehen. Entscheidungen, die das tägliche Leben vieler Menschen beeinflussen- von der Sicherheit der Lebensmittel, die sie zu sich nehmen, bis hin zur Höhe der Umweltschutz- und Sozialaufgaben, die heute häufig von weit entfernten internationalen Institutionen wie der WTO und dem IWF getroffen werden, rücken im Zuge der Protestbewegungen gegen eine ungebremst fortschreitende Globalisierung in die Kritik der Öffentlichkeit.

Es gibt in diesem Sinne immer mehr Regionalverwaltungen, die sich wieder auf Themen rückbesinnen, die den Umweltschutz, den Klimawandel, regionale Wirtschaftsstrukturen, regionale Selbstversorgung mit Lebensmitteln und Energie betreffen. Damit wird die Verantwortung wieder in die eigene Hand genommen und der Grundstock für eine nachhaltige Entwicklung gelegt, die nur regional umzusetzen ist[1].

Hilary French beschreibt diese Entwicklung in seinem Bericht „Neue Konzepte für die Global Governance" (Worldwatch Institute Report 2002) als „neue Form zivilgesellschaftlichen Engagements in den internationalen politischen Beziehungen" und sieht darin eine gute Möglichkeit, wie sich regionale Organisationen, seien es nun Kommunen, NGO`s, private Unternehmen oder sonstige Verbände, Gehör verschaffen können.

Beispiele für solche Organisationen und deren Projekte gibt es in großer Anzahl[2] (vgl. Worldwatch Institute Report, 2002, S.283ff.).

Gerade Erneuerbare Energieträger sind im großen Maße abhängig von diesem regionalen Engagement, um sie weltweit im Sinne einer nachhaltigen Entwicklung einzusetzen, denn der Globalisierungsprozess läuft auf eine weitere Zentralisierung der Energiepolitik hinaus und somit einer „solaren Weltwirtschaft" (Scheer, 1998) entgegen.

Das Umdenken muss daher an den Wurzeln stattfinden, eine große Chance für jeden von uns, die Politik und somit eine nachhaltige Entwicklung in die eigene Verantwortung zu nehmen. Dabei spielt der Einsatz Erneuerbarer Energieträger eine nicht unwesentliche Rolle, was die Diskussion um Erneuerbare Energien in der Politik für unsere Zukunft so wichtig macht. Es geht nicht um die Entscheidung eine Windkraftanlage einer Photovoltaikanlage vorzuziehen oder nicht, sondern um ein generelles Umdenken in Richtung nachhaltiger Energiepolitik.

---

1 „Politische Maßnahmen zum Klimawandel und bewährte Programme"(Worldwatch Institute, 2002, S.117)
2 Zu den verschiedenen Epochen der Aktivität von NGO`s im internationalen Bereich siehe Steve Charnovitz, „two Centuries of Partizipation: NGO`s and International Governance," Michigan Journal of International Law, Winter 1997, 183-286.

Literaturverzeichnis

Alt, Franz: Die Sonne schickt uns keine Rechnung.München, 1994.

Anil Agarwal und Sunita Narain: Global Warming in an Unequal World, Neu –Dehli: Centre for Science and Environment. 1992. In Gelbspan, 1998, S.115.

Bilanz der 5. Weltklimakonferenz: Bonn, 1999. Erhältlich als Download unter www.bmu.de.

Bünger, U., Schindler, J., Wagner, U., Wurster, R.: Strategie für die Einführung von Wasserstoff in Bayern. Endbericht der Aktionsgruppe „Wasserstoff Bayern", Bayrisches Staatsministerium für Wirtschaft, Verkehr und Technologie.München, 1995.

Cabral,Anil, Cosgrove Mac, Davies, Schaeffer,Loretta: Best Practices for Photovoltaik Household Electrification Programs .World Bank Technical Paper 324.Washington 1996 .In: Scheer,1998, S.135.

China: China calls for Environmental Help, UPI, 1996; in Gelbspan,1998, S.12.

Chomsky, Naom: Wirtschaft und Gewalt, vom Kolonialismus zur neuen Weltordnung, Lüneburg, 2001.

Cocerill, T, T., Harrison,R., Kühn,M., van Bussel, G.: Opti-Owers Final Reportcomparison of Cost of Offshore Windenergy at European Sites, vol. 3.Delft, 1998.

Cumings, Bruce: The Origins of the Korean War, vol. II (Princeton, 1990).

Czisch, Gregor. Expertise zur möglichen Bedeutung einer EU-überschreitenden Nutzung von Wind –und Solarenergie.Kassel, 2001.

Czisch, Gregor: Potentiale der regenerativen Stromerzeugung in Nordafrika. Perspektiven ihrer Nutzung zur lokalen und großräumigen Stromversorgung., Mai 1999.

Czisch, G., Durstewitz, M., Hoppe-Klipper, M., Kleinkauf, W.: Windenergie gestern, heute, morgen. ISET, Kassel; Institut für elektrische Energietechnik, Kassel.

Daniel,M. Beruan/John T. O`Connor: Who Owns the Sun? White River Junction 1996; in Scheer, 1999, S.53

Der Spiegel: 34/1990

DFS: Deutscher Fachverband Solarenergie e.V.: DFS-Info vom 21.01.2000.Freiburg,2000.

DOE 1999a: World Total Net Electricity Generation, 1989-98, International Energy Annual, US Department of Energy.

ECMF: Europäisches Zentrum für mittelfristige Wettervorhersage.

Ehrlich, H., Erbas, K., Huenges, E.: Angebotspotential der Erdwärme sowie rechtliche und wirtschaftliche Aspekte der Nutzung hydrothermaler Ressourcen. Geothermie Report 98.-1.Geoforschungszentrum Potsdam, 1998.

Energy Future. Report of the energy projekt at the Harvard Business School ,edited by Robert Stobaugh and Daniel Yergin. New York 1979:193. In:Scheer 1993, S.55.

EWEA: Windstärke 10 .Studie von EWEA und Greenpeace,1999.

Farrington, Daniels: Direkt Use of the Sun`s Energy. New York 1974: 6-8 .In: Scheer,1993, S.53.

Ganser, B.: Verfahrensanalyse: Wasserstoff aus Methanol und deren Einsatz in Brennstoffen für Fahrzeugantriebe. Bericht des Forschungszentrums Jülich Nr.2748, ISSN 0366-0885, März 1993.

Gelbspan, Ross: Der klimagau.erdöl, Macht und Politik.München, 1998.

Georges Alexandroff/ Alain Liebard: L´Habitat Solaire: Comment. Paris, 1979.

Georgescu -Roegen, Nicholas (1978) „Technology Assessment": The Case of the Direct Use of Solar Energy .In: Atlantic Journal, Dezember.

Graf, Anton: Das Passivhaus-Wohnen ohne Heizung. München, 2000.

Greenpeace: Energy Subidies in Europe.Amsterdam,1997.

Green, David: The Containment of Latin Amerika (Quadrangle, 1971).

Grill, Bartholomäus, Dunay, Caroline: „Die Zeit" vom 17.01.1977; in Kronberger, Hans, 1998, S.97.

Hau, Erik: Windkraftanlagen. Heidelberg: 22-34. In: Scheer 1993, S.53.

Hughes, Thomas B.: Networks of Power. Elektrification in Western Society. Baltimore /London 1983. In Scheer, 1999, S.53.

IEA: World energy outlook.Paris 2000. Erhältlich als download unter: www.iea.org .

IPCC: Klimawandel 2001: Die wissenschaftiche Basis, anerkannt durch die IPCC Arbeitsgruppe, Shanghai, 2001. Erhältlich als Download unter: www.greenpeace.de

Isaac, Asimov: In the Game of Energy and Thermodynamics You Can't Even Break Even. Smitsonian, 1970.
ISET: Jahresauswertung 98 zum wissenschaftlichen Meß-und Evaluierungsprogramm. Kassel, 1999.
Kaltschmitt, Martin, Wiese, Andreas: Erneuerbare Energien. 2.auflage.heidelberg, 1997.
Kanngießer, Werner: Nutzung regenerativer Energiequellen Afrikas zur Stromversorgung Europas durch Kombination von Wasserstoff und Solarenergie; In: Knies, G. et al.
Kennedy, Paul: In Vorbereitung auf das 21. Jahrhundert, 1993.
Krech, Hans: Vom 2. Golfkrieg zur Golf-Friedenskonferenz. Bremen, 1991.
Kronberger, Hans: Blut für Öl, der Kampf um die Ressourcen. Wien, 1998.
Le Group de Bellevue. Paris 1978. In Scheer, 1993, S.56.
Lutz, metz / Rainer, Osnowski: RWE. Ein Riese mit Ausstrahlung. Köln 1996; in Scheer, 1999, S.53.
Massarrat, Mohssen: Das Dilemma der ökologischen Steuerreform, Plädoyer für eine nachhaltige Klimapolitik durch Mengenregulierung. Marburg, 1998.
Massarrat, Mohssen: Endlichkeit der Natur und Überfluss in der Marktökonomie, Schritte zum Gleichgewicht. Marburg, 1993.
Neue Züricher Zeitung: 14.02.1998: in Kronberger, 1998, S.158.
Newi, G.: Optionen, VDI-Bericht Nr.912 „Wasserstoffenergietechnik III", 1992, S.295-301.
Palz, Wolfgang: Solar Electricity. An Economic Approach to Tolar Energy. London 1978,S116ff. In: Scheer, 1993, S.55.
Protokoll von Kyoto: Zum Rahmenübereinkommen der Vereinten Nationen über Klimaänderungen. Erhältlich als Download unter www.bmu.de
Quasching, V.: Systemtechnik einer klimaverträglichen Elektrizitätsversorgung in Deutschland für das 21. Jahrhundert, Vdi-verlag, Düsseldorf 2000. In: Czisch, 2001.
Rahmenübereinkunft der Vereinten Nationen über Klimaveränderungen: Erhältlich beim Sekretariat der Klimarahmenkonvention. www.unfccc.de
Reiß, T.: Biologische Wasserstoffgewinnung, BMBF-Abschlußbericht, Kennzeichen 03N 9359a,karlsruhe, Mai1995.

Rosillo, Calle, Hall,D.O.: Brazilian Alcohol: Food Versus Fuel? In: Biomass.vol. 12.S.97-128. In: Scheer, 1993, S.132.

Simpson, Anthony: Die sieben Schwestern.Die Ölkonzerne und die Verwandlung der Welt. Reinbeck, 1976. In Scheer, 1999, S.51.

Sarkar, Saral: Rescue Operation for a Dying Illusion, 2000.

Scheer, Hermann: Sonnenstrategie, Politik ohne Alternative.München, 1993.

Scheer, Hermann: Solare Weltwirtschaft. Strategie für die ökologische Moderne. München, 1999.

Schmitz, Gerhard: Wasserstoff – ein Energieträger der Zukunft? In: Regenerativer Strom für Europa durch Fernübertragung elektrischer Energie. AFES Press, 1999.

Schulze, Reinhard: Geschichte der islamischen Welt im 20. Jahrhundert. C.H.Beck, München, 1994.

SEAS: Handlungsplan für Offshore –Windkraftanlagen in den dänischen Küstengewässern.Haslev, Dänemark, 1997.

Tetzlaff, G., Windenergie – großräumige Potentiale und Kapazitäten.In: Knies et.al: Regenerativer Strom für Europa durch Fernübertragung elektrischer Energie. Mosbach, 1999.

Tuchman, Barbara: Die Torheit der Regierenden.Frankfurt, 1984, S.11 und 405. In: Scheer, 1993, S.75.

Ulfkotte, Udo: Verschlusssache BND. Koehler &Amelang. München, 1997.

Weidlich, Brigitte: Ein Energienetz vom Äquator bis zum Kap. In: Solarzeitalter Nr.3/1998, S.29ff.

Weiß,I., Sprau, H.P.: Die Entwicklung des deutschen PV Marktes in 1998 und seine Stellung im internationalen Vergleich.In: Ostbayrisches Technologie Transfer Institut e.V. (OTTI), Regensburg (Hrsg.) 15. Symposium Photovoltaische Solarenergie Staffelstein, März 2000. Tagungsband, S.253-257.

Weißbuch der europäischen Kommission: Energie für die Zukunft-Erneuerbare Energieträger, KOM(97) 599 endg. v. 26.11.1997, Brüssel, 1999.

Windpower Mounthly, Vol. 16/4,April 2000.

Wolters, Dirk: Bioenergie aus ökologischem Landbau. Möglichkeiten und Potentiale. Wuppertal Papers Nr.91, Februar 1999.

World Watch Institut: Zur Lage der Welt, 1999.

World Watch Institut: Zur Lage der Welt, 2002.

Wright ,David: Biomass – a New Future ? Commission of the European Communities. Forward Studies Unit.1991. In: Scheer, 1993, S.133.

Yergin, Daniel: Der Preis, die Jagd nach Öl, Geld und Macht. Frankfurt am Main, 1991.

Beiträge zur Dissidenz

Herausgegeben von Claudia von Werlhof

Band 1   Renate Krammer: Frauenpolitik. 1996.

Band 2   Doris Miller: Über – Gänge. Ein Plädoyer gegen die gespaltene Existenz der Menschen und für eine abenteuerliche Reise in eine bewegte Welt. 1996.

Band 3   Alex Fohl: Gratwanderungen. Autonomie und Pathologie. 1996.

Band 4   Sibylle Hammer: Humankapital. Bildung zwischen Herrschaftswahn und Schöpfungsillusion. 1997.

Band 5   Doris Schober: Angst, Autismus und Moderne. 1998.

Band 6   Michael Stark: vom Grund. 1998.

Band 7   Gerhard Diem: Über die Melancholie. In der Spannung von Last und List, Apokalypse und Aufklärung. 1999.

Band 8   Renate Genth: Frauenpolitik und politisches Handeln von Frauen. Ein Versuch im Licht der Begrifflichkeit von Hannah Arendt. 2001.

Band 9   Michaela Moser: Drogen und Politik. Dionysische Welten und die gereinigte Gesellschaft. Überlegungen zur staatlichen Heroinabgabe anhand von Erfahrungen aus Tirol. 2001.

Band 10   Renate Genth: Über Maschinisierung und Mimesis. Erfindungsgeist und mimetische Begabung im Widerstreit und ihre Bedeutung für das Mensch-Maschine-Verhältnis. 2002.

Band 11   Jürgen Mikschik: Wider die Metaphysik. Patriarchale Leibes-, Lebens- und Liebesvorstellungen und ihre gesellschaftspolitische Wirksamkeit. 2002.

Band 12   Elisabeth Sorgo: Die Brüste der Frauen. Ein Symbol des Lebens oder des Todes? Brustkrebs als Audruck der "Kränkung" von Frauen im Patriarchat. 2003.

Band 13   Barbara Thaler: Biopiraterie und Indigener Widerstand. Mit Beispielen aus Mexiko. 2004.

Band 14   Irene Mariam Tazi-Preve: Mutterschaft im Patriarchat. Mutter(feind)schaft in politischer Ordnung und feministischer Theorie – Kritik und Ausweg. 2004.

Band 15   Markus Walder: Die Diskussion um erneuerbare Energien in der Politik. Ist die Nutzung erneuerbarer Energien nur noch eine Frage des politischen Willens? 2004.

Band 16   Johannes Eder: Die Villgrater Kulturwiese. Von der Schwierigkeit des *Anderssein-Wollens* im Dorf. 2004.

www.peterlang.de